让你大开眼界的世界之最丛书　　本书编写组◎编

RANGNI DAKAI YANJIE DE SHIJIE ZHIZUI CONGSHU

让你大开眼界的科技世界之最

世界图书出版公司
广州 · 北京 · 上海 · 西安

图书在版编目（CIP）数据

让你大开眼界的科技世界之最 /《让你大开眼界的科技世界之最》编写组编．—广州：广东世界图书出版公司，2010.4（2024.2 重印）

ISBN 978-7-5100-2185-5

Ⅰ．①让… Ⅱ．①让… Ⅲ．①科学技术－青少年读物 Ⅳ．①N49

中国版本图书馆 CIP 数据核字（2010）第 070752 号

书　　名	让你大开眼界的科技世界之最 RANGNI DAKAI YANJIE DE KEJI SHIJIE ZHIZUI
编　　者	《让你大开眼界的科技世界之最》编写组
责任编辑	黄晓菲
装帧设计	三棵树设计工作组
出版发行	世界图书出版有限公司　世界图书出版广东有限公司
地　　址	广州市海珠区新港西路大江冲 25 号
邮　　编	510300
电　　话	020-84452179
网　　址	http://www.gdst.com.cn
邮　　箱	wpc_gdst@163.com
经　　销	新华书店
印　　刷	唐山富达印务有限公司
开　　本	787mm×1092mm　1/16
印　　张	10
字　　数	120 千字
版　　次	2010 年 4 月第 1 版　2024 年 2 月第 11 次印刷
国际书号	ISBN　978-7-5100-2185-5
定　　价	48.00 元

前　言

科技是科学技术的简称，英文是 Science and Technology，很明显，科技包含了科学和技术两个方面的意思。

科学是人类活动的一个范畴，其职能是总结关于客观世界的知识，并使之系统化。这个概念本身不仅包括获得新知识的活动，而且还包括这个活动的结果。“科学”一词是英文“Science”翻译过来的外来名词。明治维新时期，日本学者把“Science”译为“科学”。康有为首先把日文汉字“科学”直接引入中文。

技术是人类在认识自然和改造自然的反复实践中积累起来的有关生产劳动的经验和知识，亦泛指其他操作方面的技巧。“技术”一词源于汉。《史记·货殖列传》已使用“技术”一词，如“医方诸食技术之人”。《汉书·艺文志·方技》中亦有“技术”一词：“汉兴有仓公，今其技术暗昧”。

综合来说，科技是探索客观世界科学的过程及其成果用于改善人类劳动操作的一种体系。邓小平的论断——科学技术是第一生产力，明确地指出科学技术在生产力和社会发展中的主导作用和重要地位。

人类社会文明的发展史，同时也是生产和科学技术的发展史。从人类社会的发展来看，科学技术是历次生产力和社会大发展的支柱，是首要的和具有根本意义的革命力量。尤其是 20 世纪以后，快速发展的高科技，具有人才密集、知识密集、技术密集、资金密集、风险密集、信息密集、产业密集、竞争性和渗透性强的特点，是对人类社会的发展进步具有重大影响的前沿科学技术，同时充分反映社会生产不断给科学技术开辟新领域，提出新的研究对象。科技是社会生产发展的产物，反过来，它又推动了社会生产的发展。

科学技术是人类文明的标志，它的进步和普及，为人类提供了广播、电视、电影、录像、网络等传播思想文化的新手段，使精神文明建设有了新的载体。同时，它对于丰富人们的精神生活，更新人们的思想观念，破除迷信等具有重要意义。

科学技术的进步已经为人类创造了巨大的物质财富和精神财富。随着知识经济时代的到来，科学技术永无止境的发展及其无限的创造力，必定还会继续为人类文明作出更加巨大的贡献。因此，掌握科技的发展史是通往更高科学殿堂的钥匙。

本书从物理、生物、农业、军事、天文、航空、交通、电子、通讯、文化、生活等方面，挑选了社会科技发展历程中一些具有里程碑意义的人物和事件，简明地介绍有关知识，使读者不仅对科技的各个领域有较全面的认识，也可以触类旁通，增加更多的知识。能让我们更欣慰的是，这本书能够激起读者朋友对科技探索的兴趣，引发更多阅读动力！

目 录
Contents

科技精英篇

物理科技篇

生物科技篇

农业科技篇

军事科技篇

天文·航空篇

交通科技篇

电子·通讯科技篇

文化科技篇

生活科技篇

科技精英篇

很多人小时候都有过成为科学家的梦，但是长大以后才明白，科学家可不是人人都能做的。只有那些专门从事自然科学和社会科学的研究人员，在其各自的领域内达到了一定的造诣，并获得了有关部门和领域内的认可，才可以称之为科学家。所以，以后关于想当科学家的理想应该更正为做一名科技工作者，这样也许会促使有更多人的成为科学家，毕竟成为科技工作者看起来并不遥远。

当人类逐渐脱离自然动物的生存状况，甚至一部分人不必直接参与满足温饱的生产劳动时，人们逐渐就有了更多物质追求。于是，研究生产技术以帮助更多人从生存资料生产的第一线解脱出来，成为一批人的目标，科学研究行业和科学家也就应运而生。

这样看来，科学研究从一开始就是为了适应人们群众不断提升的物质、文化生活而存在的，因为，进行科学研究能使得人们得到更多的物质满足，进而升华到精神满足。随着社会的发展，尤其是近现代社会的形成和发展，科技的推动是最大的力量，而科技的发展是由人推动的，所以，我们也可以说科学家才是推动社会发展的力量。

本章讲述了在科技发展长河中，各个领域内的部分重要科学家的最突出贡献，他们的这些贡献或者促进了人类对自然的认识，或者直接改变了人们的生活方式等等，总之都是人类历史上极具智慧的那些人！

最早测算地球周长的人

人类从诞生的那一刻起就开始探索宇宙的奥秘，而人类赖以生存的地球是一切科学探索的起点。据史料记载，古希腊的埃拉托斯特尼是最先测算地球周长大小的人。

埃拉托斯特尼学识广博，不仅通晓天文、地理，还是诗人、历史学家、数学家，曾担任过亚历山大图书馆的馆长。公元前240年夏至日中午，细心的埃拉托斯特尼发现：在位于北回归线上的古埃及城市诺涅，太阳居在正顶上，井栏圈照不出影子，用铅垂线试验，则太阳光线与铅垂线重合；但同一时刻在亚历山大里亚城，太阳光线与铅垂线成7°12′的角，因而照出影子。经过长时间的研究，埃拉托斯特尼终于求得了地球周长为46240千米。虽然埃拉托斯特尼的数据比现在测得的地球赤道周长为40076.5938千米约大15%，但以当时的条件来说，得出这个数据是已经非常难得了。

埃拉托斯特尼还是首先使用“地理学”名称的人，从此代替传统的“地方志”，写成了三卷专著。书中描述了地球的形状、大小和海陆分布。埃拉托斯特尼还用经纬网绘制地图，最早把物理学的原理与数学方法相结合，创立了数理地理学。

最早的女数学家

世界上第一位女性数学家是古希腊著名数学家——希帕提娅（370～415）。这位优秀聪慧的女性以她的才华和贡献跻身于古代世界最优秀的学者之列。她的父亲席昂不但是一个著名的深通数学、天文的学者，也是自己女儿的出色的家庭教师。在父亲精心培育下，希帕提娅进步很快。在10岁的时候，她就知道利用相似三角形对应边成比例的原理去测量金字塔高度。

希帕提娅的学识胜过她的父亲，对柏拉图、亚里士多德和其他许多古希腊哲学家的不少著作作了注释，写了许多有关数学和天文学的论文，对古希腊大数学家阿波罗尼奥斯的《圆锥曲线论》作了详细的阐述，还发明了星盘，可惜均已遗失。

希帕提娅

当时的罗马帝国的统治濒于崩溃边缘，希帕提娅作为一名精通数学、天文学、哲学的科学家，拥有雄辩才能和崇高的声望，这使当时的教会感到极大的威胁，于是把她视为眼中钉。公元 415 年 3 月的一天，在教长西里尔的主谋下，一群暴徒突然把正要去做演讲的希帕提娅从马车上拉到教堂里残酷地杀死，酿成了历史上一桩骇人听闻的宗教迫害科学家的惨案。后来，人们为了纪念为科学献身的、美丽的希帕提娅——这位最早的女数学家，把月亮上的一座环形山命名为“希帕提娅山”。

最有影响的天文学家

尼古拉·哥白尼的《天体运行论》是现代天文学的起点——当然也是现代科学的起点。他被认为是天文之父，其“日心说”理论是自然科学发展和兴起的重要里程碑。

尼古拉· 哥白尼 1473 年 2 月 19 日出生于波兰维斯瓦河畔的托伦市。在意大利留学时，受到意大利天文学家诺瓦拉等人关于怀疑和批判托勒密地心说的影响，亲自研究了自古希腊以来有关地心说和地动说的各种见解。当哥白尼回到波兰时，他已经确信在地心说的基础上“不能建立一个同观

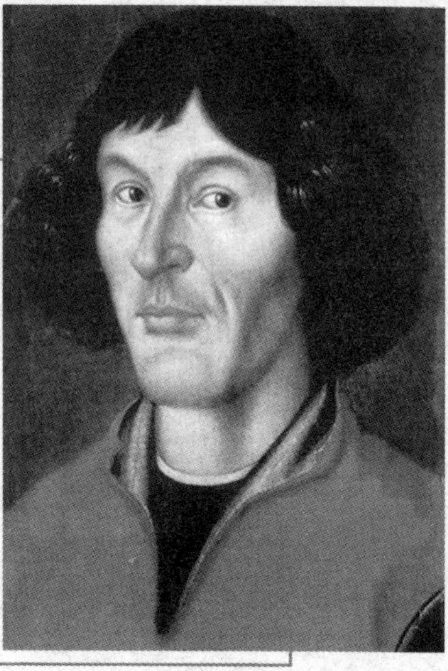

哥白尼

测一致的完整的体系”，并把他的观点写成一个短篇《尼克拉·哥白尼浅说自己提出的关于天体运动的假说》，几乎传遍了整个欧洲。他在弗伦堡建立了一座简陋的天文台，进行了持续几十年的天文观测，并把他的研究成果写成了《天体运行论》这部伟大著作。

《天体运行论》是被他搁置了“四个九年”才拿出来出版的。除了科学态度的严谨之外，他还意识到自己学说的革命性可能给自己招来灾祸。尽管如此，哥白尼在临终前还是决定把这部著作拿出来公开出版。1543 年 5 月 24 日，哥白尼在见到自己的著作后与世长辞，但这本书却引起了一场巨大的、持久的、深刻的学术思想革命。

哥白尼第一次正确地描述了水星、金星、地球和月亮、火星、土星、木星轨道实际相对太阳的顺序位置，指出它们的轨道大致在一个平面上，公转方向也是一致的，月球是地球的卫星，和地球一起绕日旋转。因而这个学说就成了近现代天文学和天体力学的真正出发点。

最早发现雷电秘密的人

本杰明·富兰克林（Benjamin Franklin）（1706. 1. 17 ~ 1790. 4. 17）是 18 世纪美国的实业家、科学家、社会活动家、思想家、文学家和外交家。他是美国历史上第一位享有国际声誉的科学家和发明家，是世界上最早发现雷电秘密的人。

1746 年，富兰克林在波士顿看到一位英国学者利用玻璃管和莱顿瓶表演的电学实验，这引起他对电学的极大兴趣并很快全力投入对电的研究。在此过程中，他创造性地把莱顿瓶实验里的轰鸣声、电火花和雷电联系起来，经过反复思考后，推测雷电就是普通的电，并找出两者间的 12 个相同之处：都发亮光；光的颜色相同；闪电和电火花的路线都是曲折的；运动都极其迅速；都能被金属传导；都能发出爆炸声或噪声；都能在水或冰块中存在；通过物体时都能使之破裂；都能杀死动物；都能熔化金属；都能使易燃物燃烧；都放出硫磺气味。

本杰明·富兰克林

于是，他写了一篇题目为《论天空闪电和我们的电气相同》的论文，并寄给他的朋友、英国皇家学会会员科林逊。可当科林逊将论文送交皇家学会讨论时，得到的是一阵嘲笑。许多权威科学家认为富兰克林的观点荒唐无比，“把科学当作儿童的幻想”。

富兰克林决心用事实来证明一切。他积极做着各方面的准备，在 1752 年 7 月的一天，他冒着生命的危险，在他儿子威廉的帮助下，进行了电学史上著名的“风筝实验”。他感受到了闪电沿风筝线传来的电击，向人们证明了天上的雷电和地上的电击是一回事。雷电是由于大气在激烈的上升和下降过程中发生摩擦，致使一部分云层带上了正电，另一部分云层带上了负电，当带异种电荷的云层相互接近时，就会发生大规模的空中放电现象，从而产生强烈的闪光和巨大的声音。

为了深入探讨电运动的规律，他借用了数学上正负的概念，第一个科学地用正电、负电概念表示电荷性质，还创造的许多专用名词如导电体、电池、充电、放电等成为世界通用的词汇，后来又提出了电荷不能创生、也不能消灭的思想。

发现化学元素最多的化学家

英国著名化学家汉弗莱·戴维出生在一个木器雕刻匠家庭，因为父亲突然去世，他只能中断学习，在一位医生那里当学徒，配制药剂时和化学打一点交道。这期间他开始勤奋自学，先后阅读了著名化学家拉瓦锡的著作《化学概论》、尼柯尔森的《化学辞典》，并立志从事化学研究。

1801年戴维被聘为英国皇家学院的主讲，主持电化学的研究。他在进行电化学研究时，用电解方法得到碱金属。1807年，戴维用250对锌—铜原电池串联作为电源电解得到钠、钾；1808年有通过电解石灰（含钙）、苦土（含镁）、重晶石（含钡）、硫酸锶矿（含锶）得到钙、镁、钡、锶，同年他又发现和取得了新元素硅、硼。至此，在短短的两年时间里通过实验发现了8种元素，其中包括钾、钠、钙、钡、镁等重要金属元素，在元素发现史上他独占鳌头，成为发现元素最多的化学家。他的这些发现震惊了当时的科学界，同时也为化学的发展作出了极大的贡献。

汉弗莱·戴维

最早测定热功当量的人

焦　耳

詹姆斯·普雷斯科特·焦耳是英国物理学家，1818 年 12 月 24 日生于英国索尔福，他从小体弱不能上学，是一位自学成才的科学家。19 世纪 40 年代，他对当时很流行的“热质说”持怀疑态度，认为热是能的一种形式，并为此做了大量实验。

焦耳最主要的贡献是他钻研并测定了热和机械功之间的当量关系。自 1840 年之后，焦耳多次发表文章，先后介绍了 4 种测定热功当量的方法，其中之一就是用通电金属丝放在水中加热。根据电流做的功和水获得的热量来计算当量。他发现：通电导体所产生的热量，跟电流强度的平方、导体电阻和通电时间成正比。这就是后来以他的名字命名的焦耳定律。

关于热功当量关系最著名的是 1847 年发表的用摩擦加热液体的实验，在这个实验中，焦耳测得热功当量的平均值为 423.9 千克·米/千卡，和现在公认值 427 千克·米/千卡非常接近。他近 40 年的研究工作，为热运动与其他运动的相互转换，运动守恒等问题，提供了无可置疑的证据，焦耳因此成为能量守恒定律的发现者之一。

由于焦耳在热学、电学和热力学方面的贡献，1866 年他被授予皇家学会科普莱金质奖章。1872～1887 年焦耳任英国科学促进协会主席，1889 年 10 月 11 日在塞拉逝世。

最早发明甘油炸药的人

阿尔弗雷德·伯恩哈德·诺贝尔是瑞典的化学家、实业家，也是甘油炸药的发明者。

1833年10月21日他生于瑞典首都斯德哥尔摩。发明了硝化甘油炸药后，取得了成千上万的科研成果，成功地开办了许多工厂，积聚了巨大的财富。1896年12月10日，诺贝尔因心脏病突然发作，抢救无效，在意大利圣雷莫与世长辞，终年63岁。

在即将辞世之际，诺贝尔立下了遗嘱："将全部财产作为设立诺贝尔奖金的基金，每年取出基金利息，奖给对人类文化科学事业做出重大贡献的人。"根据当时估计，他的遗产约有3300万克朗(瑞典币，约折合920万美元)。诺贝尔奖金分为物理学、化学、生理学和医学、文学、和平奖五项。物理学和化学奖由瑞典皇家科学院负责颁发，生理学和医学奖由瑞典卡罗琳医学研究院负责颁发，文学奖由瑞典文学院负责颁发，和平奖由挪威议会（当时挪威与瑞典同存于一个联合体）负责颁发。

诺贝尔

最早的诺贝尔物理学奖获得者

威尔姆·康拉德·伦琴，1845 年 3 月 27 日生于莱纳普（现属德国），1923 年 2 月 10 日在慕尼黑逝世。他通过实验发现了 X 射线的存在，因此瑞典皇家科学院于 1901 年 12 月 10 日在斯德哥尔摩授予他诺贝尔物理学奖。

1895 年 11 月 8 日，伦琴在进行阴极射线的实验时第一次注意到放在射线管附近的氰亚铂酸钡小纸屏上发出微光。经过几天废寝忘食的研究，他确定了荧光屏的发光是由于射线管中发出的某种射线所致。因为当时对于这种射线的本质和属性还了解得很少，所以他称它为 X 射线，表示未知的意思。同年 12 月 28 日，《维尔茨堡物理学医学学会会刊》刊登了他关于这一发现的第一篇报告。

伦 琴

他对这种射线继续进行研究，先后于 1896 年和 1897 年又发表了新的论文。X 射线是人类发现的第一种所谓“穿透性射线”，它能穿透普通光线所不能穿透的某些材料。在初次发现时，伦琴就用这种射线拍摄了他夫人的手的照片，显示出手骨的结构。这种发现实现了某些神话中的幻想因而在社会上立即引起很大的轰动，为伦琴带来了十分巨大的荣誉。1901 年诺贝尔奖第一次颁发，伦琴就由于这一发现而获得了这一年的诺贝尔奖物理学奖。

伦琴一生在物理学许多领域中进行过实验研究工作，如对电介质在充电的电容器中运动时的磁效应、气体的比热容、晶体的导热性、热释电和压电现象、光的偏振面在气体中的旋转、光与电的关系、物质的弹性、毛细现象等方面的研究都作出了一定的贡献，由于他发现 X 射线而赢得了巨大的荣誉，以致这些贡献大多不为人所注意。

最早发现病菌的人

路易斯·巴斯德是最早发现了病菌的存在。他是法国微生物学家、化学家，近代微生物学的奠基人。他开辟了微生物领域，并创立了一整套独特的微生物学基本研究方法，开始用“实践—理论—实践”的方法开始研究。

1865 年，法国南部的养蚕业正面临一场危机，一种病疫造成蚕的大量死亡，使南方的丝绸工业遭到严重打击，每年因蚕病要损失 1 亿法郎。这种在蚕中流行的病非常奇怪，病蚕常常抬着头，伸出脚像猫爪似的要抓人，身上布满棕黑的斑点，就像粘了一身胡椒粉，大家把这种病称为“胡椒病”。大多数病蚕孵化出来不久就死了，小部分挣扎着活到第 3 龄、第 4 龄后也挺不住，最终难逃一死。极少数的蚕能结成茧子，但是钻出来的蚕蛾却残缺不全，它们的后代也是病蚕。

路易斯·巴斯德

巴斯德接受法国农业部长的委派进行研究丝蚕生病病因的工作，他用显微镜观察，发现一种很小的、椭圆形的棕色微粒，是它感染丝蚕以及饲养丝蚕的桑叶，然后迅速繁殖。为了证明“胡椒病”的传染性，他把桑叶刷上这种致病的微粒，健康的蚕吃了，立刻染上病。他还指出，在蚕架上层格子里的病原体，会通过落下的蚕粪传染给下面格子里的蚕。于是他让农民把感染的蚕及污染了的桑叶统统烧掉，才使这种流行疾病得到了有效控制。

最早发明元素周期表的人

现代化学的元素周期表是由俄国化学家德米特里·伊万诺维奇·门捷列夫最早整理并于1869年3月提出的。

门捷列夫在写著名的化学专著——《化学原理》这部书的过程中，深入探索了元素性质之间的关系，并对当时已知的63种元素按照原子量大小的顺序以表格的形式进行了排列，把有相似化学性质的元素放在同一列，试图研究出元素性质的变化规律，从而形成元素周期表的雏形。正是在这一实践的基础上，他提出了化学元素周期表的构思，并利用元素周期表，成功的预测当时尚未发现的元素的特性（镓、钪、锗）。

1913年，英国科学家莫色勒利用阴极射线撞击金属产生X射线，发现原子序数越大，X射线的频率就越高，因此他认为核的正电荷决定了元素的化学性质，并把元素依照核内正电荷（即质子数或原子序数）排列，经过多年修订后才成为当代的元素周期表。

门捷列夫

元素周期表的发明揭示了物质世界的秘密，把一些看来似乎互不相关的元素统一起来，组成了一个较完整的元素体系，得到了科学界的一致认可，为化学的理论研究奠定了基础。

最早精确测定电子的电荷的人

最早精确测定电子的电荷的人是美国杰出的物理学家罗伯特·安德鲁·密立根。密立根于1868年3月22日出生在美国伊利诺斯州的莫里逊城，由于他对基元电荷和光电效应的出色研究，曾获得1923年诺贝尔物理学奖。

密立根

在测定电子电荷e的实验工作过程中，密立根独创了著名的油滴实验，并通过这一实验于1913年精确测定出e值为4.774×10^{-10}静电系单位电量，误差$\pm 0.009 \times 10^{-10}$范围静电电系单位电量。这一实验工作被认为是实验物理学工作的光辉典范。密立根毕生致力于科学研究和教育事业，1953年12月19日，在加利福尼亚州的圣马力诺市逝世。

最伟大的发明家

最伟大的发明家托马斯·阿尔瓦·爱迪生生于1847年2月11日，死于1931年10月8日。他一共只正式上过3个月的学，一生的发明有2000项左右，平均每15天就有一项新发明。特别是1882年，他的发明达141项，平均每两天半多一点的时间，就有一项新的发明，是当之无愧的世界上最伟大的发明家。

爱迪生

在83年的人生中，他经历了流浪的岁月，飞灾横祸的摧残和数不清的失败煎熬，但是爱迪生攻坚履险，勇于开拓。他一生中的2000项发明，无一不是顽强意志和科学研究的结晶。他也许是有史以来最伟大的发明家，首开现代世界技术革新的先河，为人类的文明和进步作出了无法磨灭的贡献。

近代最伟大的物理学家

阿尔伯特·爱因斯坦，1879年3月出生于德国乌尔姆市，1955年4月18日逝于新泽西州，是德裔美国物理学家、思想家及哲学家，也是相对论的创立者。他被认为是现代物理之父及20世纪最重要的科学家之一。作为现代物理学的开创者和奠基人，他于1999年12月26日被美国《时代周刊》评选为“世纪伟人”。

阿尔伯特·爱因斯坦

1895年，爱因斯坦来到瑞士求学，一年后考入苏黎世联邦工业大学。毕业后在伯尔尼市专利局当上了一名三级技术员，一直工作到1909年。在这期间，他一面工作、一面刻苦学习，为他毕生从事科学事业奠定了基础。

爱因斯敢于追求真理，富于科学的创造精神，从1901年发表第一篇论文开始，到1945年退休为止，差不多每年都要发表一二篇具有重要价值的论文，其中关于解释光电效应而提出的光量子概念，关于狭义相对论的论述，以及关于质能方程等，都是具有划时代意义的。因此，科学界都认为“在我们这一代的物理学史中，爱因斯坦的地位将在最前列”。爱因斯坦最突出的成就，是创立了相对论，相对论揭示了高速运动物体的力学规律，根本上改变了几百年来所形成的有关绝对空间和绝对时间的概念，这是人类认识史上的一次重大飞跃。

2009年10月4日，诺贝尔基金会评选“1921年物理学奖得主爱因斯坦”为诺贝尔奖百余年历史上最受尊崇的3位获奖者之一。（其余两位是1964年和平奖得主马丁·路德·金、1979年和平奖得主德兰修女。）

最早飞上太空的宇航员

尤里·阿列克谢耶维奇·加加林是第一个进入太空的人。他是前苏联宇航员、红军上校飞行员。

加加林在1934年3月9日生于苏联的斯摩棱斯克州格扎茨克区的克卢希诺镇，一个集体农庄庄员家庭，白俄罗斯人。他于1955年以优异成绩从工业技术学校毕业后进了航空学校，开始在奥伦堡航空军事学校学习飞行，1957年参加苏联军队，并成为北海舰队航空军团的一名歼击机飞行员。1961年4月12日在拜克努尔航天发射基地，他乘坐“东方1号”宇宙飞船飞入太空，从而成为人类历史上第一个进行太空飞行的人。

“东方1号”宇宙飞船在最大高度为301千米的轨道上绕地球飞行了一周，历时1小时48分钟，其中有89分钟加加林是处于失重状态。上午10时55分安全返回，降落在萨拉托夫州斯梅洛夫卡村地区，完成了世界上首次载人宇宙飞行，实现了人类进入太空的愿望。

加加林在从宇宙飞船里向地球发回的报告中写道：“飞行正常，经受失重状况的情况良好。”他用自己的亲身经历向人们证明，人体机能完全能够适应宇宙太空中没有重力的环境。

非常不幸的是，1968 年 3 月 27 日，他和飞行教练员谢廖金在一次例行训练飞行中，因驾驶的双座喷气式飞机坠毁而罹难，年仅 34 岁。加加林死后，其骨灰被安葬在克里姆林宫墙壁龛里。人们为了纪念这位伟大的宇航员，在莫斯科繁华的列宁大街树立起他的雕像，供后人瞻仰。他的故乡格扎茨克被命名为加加林城，他训练所在的宇航员训练中心也以他的名字命名。为纪念加加林首次进入太空的壮举，俄罗斯把每年的 4 月 12 日定为宇航节，在这一天举行隆重的纪念活动，缅怀这位英雄人物。国际航空联合会设立了加加林金质奖章。月球背面的一座环形山也是以他的名字命名的。加加林成为宇宙时代的象征。

尤里·阿列克谢耶维奇·加加林

最早的女宇航员

由于宇宙飞行对体力、智力的严格要求，以及飞行过程中的充满的不确定性和危险性，因此在相当长的一段时间内，“宇航员”的荣誉只能属于男人。最先打破男人对宇航员的垄断的是前苏联的瓦莲京娜·捷列什科娃少尉，她是世界上第一位女宇航员。

瓦莲京娜·捷列什科娃，于 1937 年 3 月 6 日出生在前苏联雅罗斯拉夫尔州图塔联夫区马斯连尼科沃村。1955 年中学毕业后进入纺织厂工作。此后她边工作边学习，还参加航空俱乐部的跳伞活动。1962 年加入航天员的训练队伍，刻苦地钻研火箭技术，学习飞船结构方面的理论知识，同时顽强地锻炼身体。

1963 年 6 月 16 日格林威治时间上午 9：30，她乘坐“东方 6 号”宇宙飞船在拜克努尔航天发射基地起飞，成为第一位进入宇宙空间的女性。在飞行过程中，她在距离地面 233 千米的地方环绕地球飞行了 48 圈多（共计 1971000 千米），于 1963 年 6 月 19 日 8：16 平安着陆，整个行程共耗时 70 小时 40 分钟 49 秒。

瓦莲京娜·捷列什科娃

捷列什科娃执行的飞行任务是考察宇宙飞船操纵系统的性能，同时也为宇宙飞行条件下女性生理变化情况的研究提供依据。

在返回地面以后，她的身体状况良好，没有发生任何异常变化。随后进入了茹科夫斯航空工程学院学习，以优异的成绩领取了毕业证书。后来她与驾驶“东方 3 号”飞船飞行的航天员尼古拉耶夫结为伉俪，组成了世界上第一个航天员之家，还生育了一个女儿。迄今为止，她仍是世界上唯一一位在太空飞行 3 天的女性。

最早制造原子弹的人

美国犹太人物理学家罗伯特·奥本海默（1904 ~ 1967），领导的“曼哈顿计划”研究组研制出的世界上第一颗原子弹，因此他被称为美国“原子弹之父”。

奥本海默是早慧的天才，3 年读完大学，1925 年以荣誉学生的身分于哈

罗维特·奥本海默

佛大学毕业。随后到英国剑桥大学深造，开始攻读理论物理，并加入到著名的卡文迪许实验室；1926年，转到德国哥廷根大学，跟随玻恩从事研究工作；1927年以量子力学论文获德国格丁根大学博士学位。接下来的两年他在瑞士的苏黎世和荷兰的莱登作进一步的研究。奥本海默的研究范围很广，从天文、宇宙射线、原子核、量子电动力学到基本粒子。

1941年，美国科学研究发展局在时任美国总统罗斯福指导下，成立了原子弹研究所，开始研制原子弹。为了保密，把研制工程叫作"曼哈顿计划"，奥本海默被任命为该项工程的负责人。1945年，他与数千名来自世界各地的科学家成功研制了世界上第一颗原子弹。

1967年2月18日，奥本海默因患癌症逝世。

航行次数最多的宇航员

1996年12月，美国宇航员斯托里·马斯格雷夫在"哥伦比亚号"航天飞机上完成了他的第6次太空飞行任务。这是他的最后一次太空飞行任务，至此，他在1983～1996年共完成太空飞行6次，合计53天。成为目前世界上航行次数最多、航行时间最长的宇航员。虽然在此之前，也有宇航员完成6次太空飞行，但太空飞行时间上还是少于马斯格雷夫。例如，美国宇航员约翰·扬在1965～1983年第一个完成6次太空飞行的人，6次航行合计34天；哥斯达黎加宇航员富兰克林·张一迪亚士在1986～1998年完成6次太空飞行，合计52天。

斯托里·马斯格雷夫出生于波士顿，在马萨诸塞州他父母的农场中长大。

斯托里·马斯格雷夫

1967年8月，马斯格雷夫被NASA（美国航空和宇航局）选拔成为第一批宇航员。1983年，马斯格雷夫参加“挑战者号”航天飞机的处女航，这是他的第一次太空飞行任务，也是在这次宇航任务中，马斯格雷夫和彼得森得进行了第一次航天飞机外的太空行走。在马斯格雷夫太空飞行中，最富传奇色彩的是第五次，在“奋进者号”航天飞机上，马斯格雷夫承担了修理哈勃太空望远镜的任务。经过为期11天的工作，哈勃望远镜恢复了全部的功能。这次修理共需要5次太空行走，其中有3次是由马斯格雷夫完成的。

物理科技篇

物理是取自“格物致理”四字的简称，是考察事物的形态和变化，总结研究其规律的一门学科。

在物理学的领域中，研究的是宇宙的基本组成要素：物质、能量、空间、时间及它们的相互作用；借由被分析的基本定律与法则来完整了解这个系统。物理在经典时代是由与它极相像的自然哲学的研究所组成的，直到十九世纪物理才从哲学中分离出来成为一门实证科学。

物理学有很多分支：例如，研究物体机械运动的基本规律的经典力学及理论力学；研究电磁现象和物质电磁运动规律及电磁辐射等规律的电磁学及电动力学；研究物质热运动的统计规律及其宏观表现的热力学与统计物理学；研究物体的高速运动效应，相关动力学规律以及关于时空相对性规律的相对论和时空物理；研究微观物质运动现象以及基本运动规律的量子力学。人们通常将理论力学、电动力学、热力学与统计物理学、量子力学统称为四大力学。

物理学中这些分支的发展其实就是物理科技在社会科学中的发展，随着人们对各种物理知识的认识，并不断地用到生活的各个方面，形成物理技术。这些物理分支的理论也就在实践的基础上形成了，当然，有些技术是在理论的指导下才形成的。无论如何，新兴的物理技术对人类改善生活状况和社会发展都起到了很大的作用！

最早利用太阳能的国家

世界上对太阳能的最早利用记录出现在我国周代，我国古代称取火的工具为燧，周代人发明并使用了“阳燧”，也称“夫燧”，是用铜制成的凹面镜，用以聚集日光，点燃艾炷施灸。《周礼·疏》中说：“以其日者太阳之精，取火于日，故名阳燧，取火于木，为木燧者也。”《本草纲目》：“阳燧，火镜也。以铜铸成，其面凹，摩热向日，以艾承之，则得火。”所以“阳燧”的意思就是利用太阳光来取火的工具。

凹面镜的焦点是阳燧取火的光线集中处，《墨经》中曾把凹面镜的焦点称为中燧。这表明，周代人们对利用凹面镜的聚焦特性向日取火——即利用太阳能取火已经有了一定的理性认识。《周礼·秋官司寇》中说：“司烜氏掌以夫燧取明火于日。”《淮南子·天文训》中说：“故阳燧见日，则燃而为火。”这说明当时的人们已经能利用凹面镜的聚焦特性利用太阳能取火了。

古人利用阳燧取火的操作方法，一种说法是用金属制成尖底杯，放在日光下，杯底置艾、绒之类，使光线聚在杯子的尖底处，艾、绒遇光燃火；另一种说法是用铜制的凹面镜向着太阳光取火。

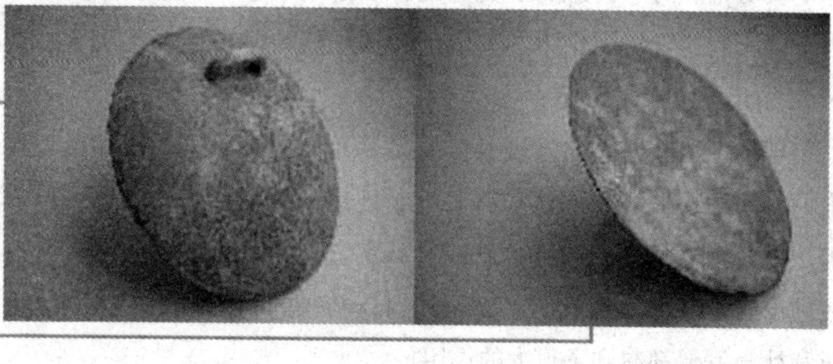

阳 燧

最早科学解释光直线传播的理论

我国战国时期的墨翟和他的弟子，通过实验证明了光这一性质，并在世界上第一次对光的直线传播作了科学解释。

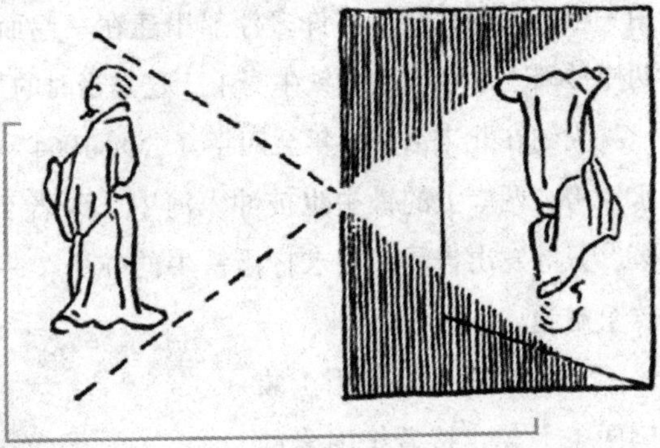

光沿直线传播示意图

实验的情况是：在一间黑暗的小屋朝阳的墙上开一个小孔，人对着小孔站在屋外，在阳光照射下，屋里相对的墙上就出现了一个倒立的人影。对此，《墨经》解释道："光之煦（照）人若射。下者之人也高，高者之人也下。"意思是说光穿过小孔如同射箭一样，是直线行进的，人的头部遮住了上面来的光，成影在下边，人的足部遮住了下面来的光，成影在上边，于是便形成了倒立的影。这段话科学地解释了光的直线传播原理，阐述了小孔成象的现象。墨家所做的这个实验，是世界上第一个小孔成像的实验。和墨翟差不多同时代的希腊柏拉图学派，虽然也认识到了光的直线传播和反射，但他们提出的光学理论的时间比《墨经》晚，水平也没有超过《墨经》。

此外，墨家还运用光的直线传播原理，第一次解释了物和影的关系。《墨经》中说："景（影）不徙，说在改为，""光至，景亡；若在，尽古息。"其意是在某一特定的瞬间，运动物体的影子是不动的，运动物体的影子看起来在移动，是旧影不断消失，新影不断产生的结果。书中又说："景二，说在重，""二光，夹；一光，一。光者（堵），景也。"这是对本影与半影现象的解释。其意是一个物体有两个影子，是因为它受到双重光源的照射。当两个光源同时照射一个物体时，就有两个半影夹持着一个本影；当一个光源照射物体时，则只有一个影子，光被遮挡之处即生成影子。

最早利用浮力进行水下打捞

大约1200多年前，在山西蒲州附近有座横跨黄河的蒲沁浮桥，浮桥是用一根巨大的铁链，将许多浮船串连在一起而形成的。铁链分别系在黄河两岸沙滩上8个巨大的铁牛身上，这是当时的重要渡口。

大约在北宋治平元年至四年（公元1064～1067年）间，蒲沁浮桥被洪水冲垮，两岸上的铁牛也被冲入河中，深陷于河底。当地官府对此束手无策，只好发出告示，征求打捞铁牛的办法，一个叫怀丙的僧人出面解决了这个难题。

利用浮力打捞铁牛

怀丙指挥人们先用土装满两条大船；接着把绳索的一端拴在船上，并派人潜入水中将绳索的另一端系在河底的铁牛上；然后，怀丙让人们把船上的土卸下去。于是，船在水中便越浮越高，船只上浮的力量，将河底的铁牛提升起来。这时，再把船慢慢驶向岸边，铁牛被拖到浅水区，人们便把铁牛搬上了岸。

这是我国和世界上最早利用浮力进行水下打捞的技术。怀丙发明的这种利用浮力进行水下打捞的技术，至今仍在国内外沿用。

最早关于杠杆平衡问题的论述

世界上最早论述杠杆平衡问题的记载见于我国战国中后期（公元前4世纪左右）的《墨经》。

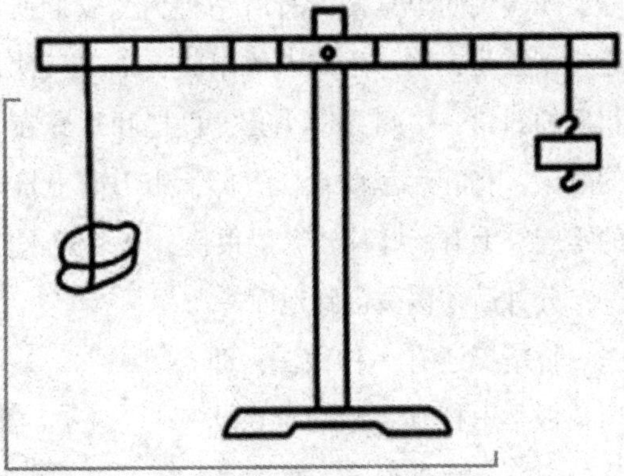

杠杆平衡

《墨经》在论述衡器一类的杠杆平衡问题时，将杠杆支点的一边叫作“本”(重臂)，另一边叫作“标”(力臂)。书中写道：“衡，加重于其一旁，必垂，权(秤锤)，重相若也。相衡，则本短标长。两加焉，重相若，则标必下。……长、重者下，短、轻者上。”就是说，如果杠杆的两边处于平衡状态下（即“权、重相若”），加重物于一端，靠重物的一边必定下垂。要使两边平衡，就要缩短靠重物一边的距离（即“本短”），增长靠秤锤一边的距离（即“标长”）。在这种情况下，两边再加上相同的重量，那么靠秤锤的一边就会重下来（即“两加焉，重相若，则标必下”）。总而言之，在杠杆上，长和重的一边往下垂，短和轻的一边往上翘（即“长、重者下，短、轻者上。”）

《墨经》科学地指出杠杆的平衡不但取决于加在两端的重量，还与支点两边距离的长短有关。这就涉及到力学上所说的力臂和重臂的问题，从而实际上提出了力矩的概念。《墨经》对杠杆的平衡问题虽然没有明确的定量关系的总结，但其基本原理同公元前3世纪希腊学者阿基米德所发现的杠杆原理是完全一致的，而且在时间上要比阿基米德早。

螺旋桨旋转上升的最早运用

螺旋桨在高速旋转的时候，能产生很强的上升力量。现代的直升飞机，就是利用螺旋桨产生的拉力直升到空中去的，所以直升飞机在发明初期又称为“螺升机”。螺旋桨旋转产生上升力量的原理，在我国很早就得到了运用。

我国民间很早便流行着一种为儿童们所喜爱的玩具——竹蜻蜓。竹蜻蜓的做法是，用竹片或木片制成一个二三寸长的小叶片，叶片的两端扭成相反的斜角，中间穿个小孔，再把叶片套在一根刻有螺旋纹的木杆上。玩的时候，将叶片套在木杆下部，用力向上推动叶片，于是叶片便顺着木杆的螺旋纹上升。叶片转动得很快，当离开木杆的时候，就能直向空中飞去，一二分钟后才缓缓落到地面。

竹蜻蜓还有一种做法，即用一根小木杆垂直地固定在叶片的中部。玩的时候，两手用力搓动木杆，放手后，竹蜻蜓就会脱手向上飞去。这种竹蜻蜓的叶片同直升飞机的螺旋桨，在形状和飞行原理方面几乎都是一样的。

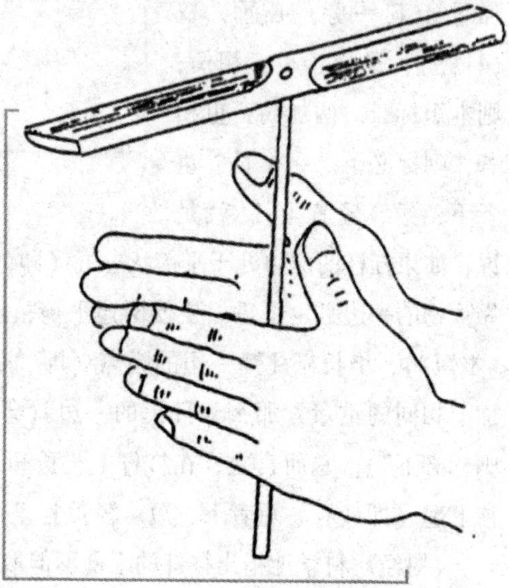
竹蜻蜓

东晋科学家葛洪的《抱朴子·杂应》说："用枣木心为飞车，以牛革结环剑以引其机，……上升四十里。"这是我国和世界上关于运用螺旋桨旋转产生上升力量原理的最早记载。"飞车"就是竹蜻蜓，说它能"上升四十里"，不免有些夸张，但上升到相当高的高度则是完全可能的。

竹蜻蜓于公元18世纪传到欧洲。英国著名科技史专家李约瑟博士认为，对螺旋桨旋转产生上升力量原理的发现，西欧比中国落后了14个世纪。

最早的显微镜

16世纪末期的荷兰，眼镜商札恰里亚斯 · 詹森和他的儿子江生发明了世界上最早的显微镜，这个显微镜能将物体放大十几倍。

有一天，江生无意中将两片大小不同的镜片重叠在一起。当他把两片镜片放置在适当的位置时，有很多小东西突然变得很大。这一发现使他很兴奋，他叫来父亲，父亲也来了兴趣。经过一番思考和设计，父子两人动手将两片不同的镜片安装在不同口径的小铁桶里，使其能自由滑动，使两片镜片间的距离可以随意调整。这样，世界上第一台显微镜诞生了。

这是人类科技发展史上的重大突破。显微镜的发明使人类摆脱了仅限于用肉眼，或者是借助简单的透镜来观察事物的局限，把一个全新的世界展现在人类的视野范围内，使人类第一次看到了微小动物和植物，以及构成人体和动植物体的细胞，为生物学的发展准备了条件。

最早的温度计

最早的温度计是由意大利著名科学家伽俐略 1603 年研制的，这是一个一端为球状的玻璃管。

使用时，用双手握住玻璃管的球部，使球内空气因受热膨胀而溢出一部分，然后把玻璃管口倒放入水中，放开双手，管内空气受冷收缩，水就被吸上玻璃管，这样做成的温度计叫做空气温度计。当玻璃球周围温度变化时，由于球内空气热胀冷缩，使管内上升的水柱随着升降。在玻璃管上刻着相应的刻度，就可以反映被测物体的温度。伽利略曾用这种温度计测量了许多学生的体温，发现人体的正常体温大致是相同的这一规律。

伽俐略的温度计

这种测量温度的方法在当时是一个重大突破。遗憾的是，由于水面露在大气里的，水柱的高低容易受到大气压的影响，从而影响测量温度的准确性。后来伽利略的学生改用酒精代替水，制成一种不受大气压影响的温度计。再后来人们又用水银代替酒精制成另一种温度计，这种温度计开始被广泛应用于临床诊断、日常生活等等领域。

最早发现的电现象

电是一种自然界客观存在的物理现象，也是一种形式的能量。人类对电与电能的认识是在长期实践活动中，不断发展、逐步深化的，经历了一条漫长而曲折的道路。公元前6世纪，希腊哲学家泰勒斯发现并记载了摩擦过的琥珀能吸引轻小物体的现象。这是人类最早发现的电现象。

“电”是由希腊语“琥珀”转化而来的。公元前600年左右，在正处于文化昌盛时期的古希腊，贵族妇女外出时都喜欢穿柔软的丝绸衣服，佩戴琥珀做的首饰。琥珀是一种树脂化石，把它磨光就呈显出黄色或红色的鲜艳光泽，是当时很贵重的装饰品。妇女们外出时，总会把琥珀首饰擦拭得干干净净。但是，不论擦拭得多干净，它很快就会吸上一层灰尘而失去光泽变得暗哑下来。虽然许多人都注意到这个现象，但都不能解释它。

有个叫泰勒斯的希腊哲学家，一直在研究这个神奇的现象。他注意到挂在脖颈上的琥珀首饰在人走动时不断晃动，和人身上的丝绸衣服频繁地摩擦。经过多次实验，泰勒斯发现用丝绸摩擦过的琥珀确实具有吸引灰尘、绒毛等轻小物体的能力。于是，他第一个识破了静电现象，并把这种不可理解的力量叫做“电”。

最早的电容器

电容器亦称储电器，是储藏电荷的容器，是无线电电子技术中常用的重要元件。电容器种类很多，发明于1745年的莱顿瓶是最早的一种电容器。

莱顿瓶是一个玻璃瓶，瓶里瓶外分别贴有锡箔，成为电容器的两个极板，瓶里的锡箔通过金属链条与伸到瓶口外的金属杆相连，金属杆顶上再装上一个金属球。当带电体跟金属球接触时，带电体上的电荷就会沿着金属杆和链条传到瓶的内壁，而外壁由于静电感应带上异种电荷，这样内壁的电荷就能储存在里面保存很长一段时间。等需要用的时候，只要与金属球接触一下，就可把储存的电荷再放出来。由于它是在莱顿城发明的，所以叫做莱顿瓶，这就是最初的电容器。

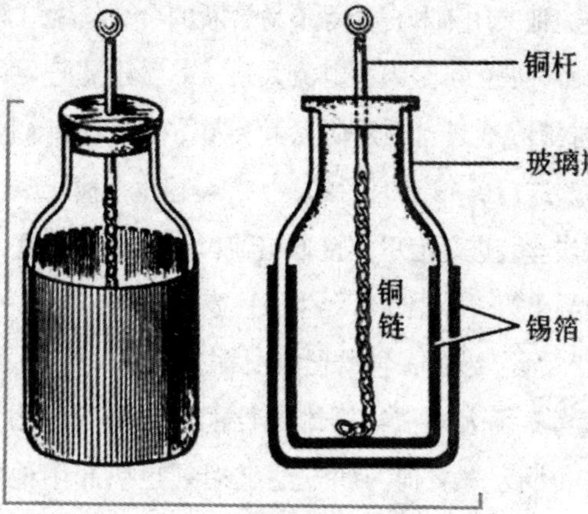

莱顿瓶

莱顿瓶很快在欧洲引起了强烈的反响，电学家们不仅利用它作了大量的实验，而且做了大量的示范表演，例如用它来点燃酒精和火药。其中最壮观的是法国人诺莱特在巴黎一座大教堂前所作的表演，他邀请了路易十五的皇室成员临场观看莱顿瓶的表演。他让七百名修道士手拉手排成一行，队伍全长达 900 英尺（约 275 米），然后，让排头的修道士用手握住莱顿瓶，让排尾的修道士用手握住瓶的引线，一瞬间，七百名修道士，因受电击几乎同时跳起来，在场的人无不为之口瞪目呆，诺莱特以令人信服的证据向人们展示了电的巨大威力。

最早的电灯泡

1879 年 10 月 21 日，世界上第一盏白炽灯在美国发明家爱迪生手中诞生了。为了发明一种电灯代替当时使用的煤气灯和弧光灯，他常常连续工作 24 个小时到 36 个小时。他认为，要使电灯能照明，关键在于寻找一小段电阻不大、而又耐高温的导体材料，把这种材料装在玻璃泡里，通上电流，它就会发出亮光。

起初，他试着用一寸长的纸条烧成炭来做灯丝。当他把灯丝的两端接到电池的正负极上，纸条亮了一下，就断了。这是炭丝和空气中的氧气发生的化学反应捣的鬼。于是，他做了一架比较精密的抽气机，小心谨慎地抽出玻璃泡里的空气，再把抽气口密封好，接通电流，果然，炭化纸条就发光了。不过，只保持了 8 分钟，最后还是断裂熄灭了。

他又用铀和白金等不易熔断的合金丝做灯丝，在空气和真空中试验，虽然有所进展，可是因为电流太强，最后还是把金属丝烧断了。为了找到合适的灯丝材料，他前前后后研究了 1600 多种矿物和金属的耐热材料，然而全都失败了。试验进行了 13 个月后的一天，爱迪生把棉线放在一个特殊的镍制模型里烤成一根炭丝装进灯泡里，接通电流，电灯亮了，这一天，正是 1879 年 10 月 21 日。世界上第一盏白炽灯诞生了！遗憾的是，这第一盏电灯只亮了 45 个小时。

为了寻找一种既便宜又耐用的灯丝，爱迪生根据棉线的性质，集中力量考察了大批植物纤维的性能。他先后试用了 6000 多种植物纤维。一天，有位朋友来看他，朋友的红胡须也引起了他的兴趣。后来，他甚至将红胡须也列为试验材料。

爱迪生时时在想着灯丝的试验。1880 年初春的一天，他把扇子的竹边削成竹丝，再烧成炭丝进行试验，这一次电灯竟亮了 1200 个小时（50 天）。以后又经过反复试验，效果都超过了他以前试验过的任何材料。在以后的几年中，炭化竹丝成为了灯丝的主要材料。

后来，爱迪生又不断改良灯泡，采用一种熔点高达 3400 多摄氏度的灯丝——钨丝，还在灯泡中注入一种不与钨丝起化学反应的气体——氮气，以防止灯丝在真空中蒸发而烧断，大大延长了灯泡的寿命。这种充氮气的钨丝灯，灯丝温度可达 2500 摄氏度，光亮，耐用，我们现在用的就是这种灯泡。

最早的电子管

电子管是最早的电子元器件，它是在气密性封闭容器（一般为玻璃管）中产生电流传导，利用电场对真空中的电子流的作用以获得信号放大或振荡的电子器件。由于玻璃壳内抽成高度真空，所以电子管也称为真空管。

世界上第一只电子管，是 1904 年英国物理学家弗莱明发明的。这一发明标志着人类从此开始步入电子时代。弗莱明在前人研究的基础上，用一个金属筒代替了爱迪生在进行白炽电灯实验时所用的金属丝，并把它套在灯丝外面，然后分别将它们接在电源的两极。打开电源，金属筒和灯丝之间就会有电流通过，世界上第一个电子管就这样问世了。

电子管首先被应用到了电视机、收音机、扩音机以及无线电报的接收机上，随后又在微波炉等各种电器中发挥了很大的作用。后来逐渐被晶体管和集成电路所取代，但目前在一些高保真音响器材中，仍然使用电子管作为音频功率放大器件。

最早被打碎的原子核

自从发现原子核中蕴藏无比巨大的能量，科学家们就一直试图用人为的手段去得到强大的原子能，因为天然放射性物质释放原子能的过程实在是太慢了。

1938 年，这项打碎原子核获得原子能的探索终于获得初步成功。科学家用中子轰击铀的原子核，铀核俘获一个中子后，立即发生裂变，分裂成两个核，同时放出巨大的能量和两到三个中子。最新释放的中子再分别击中分裂后形成的铀核，使这两个铀核再次发生裂变而放出大量能量……原子核的这种连续不断的分裂现象，称为链式反应。原子弹就是根据重核链式反应的原理发明的。

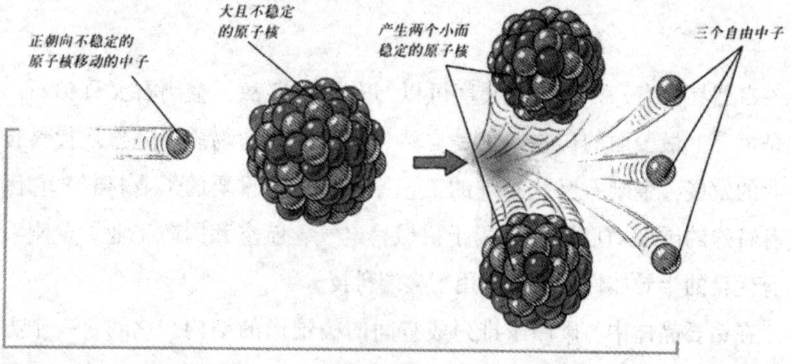

铀原子裂变

裂变时释放的能量是相当巨大的，1 千克铀 235 的全部核裂变将产生 20000 兆瓦·小时的能量（足以让 20 兆瓦的发电站运转 1000 小时），与燃烧 300 万吨煤释放的能量一样多。

最早的晶体管

世界上最早的晶体管于 1947 年问世。它是美国贝尔实验室的威廉·邵克雷、约翰·巴丁和沃特·布拉顿等人，在对半导体性质进行广泛的研究的基础上，做出的一项发明。

1945 年秋天，贝尔实验室成立了以邵克雷为首的半导体研究小组，他们经过一系列的实验和观察，逐步认识到半导体中电流放大效应产生的原因。1947 年 12 月 23 日，第一个晶体管放大装置清晰的将声频信号放大了 100 倍——试验成功了。这个世界上最早的实用半导体器件终于问世了，它的外形比火柴棍短，但要粗一些。

在为这种器件命名时，布拉顿想到它的电阻变换特性，即它是靠一种从“低电阻输入”到“高电阻输出”的转移电流来工作的，于是取名为 trans-resister（转换电阻），后来缩写为 transister，中文译名就是晶体管。

最硬的物质

自然界没有一种物质的硬度可以与金刚石匹敌，金刚石又称钻石，不仅是世界上最美丽的矿物，也是自然界硬度最大的物质。随着现代科技和工业的发展，金刚石已从单纯的工艺原料，变为重要的工业材料，它因为具有特殊的硬度而广泛地应用于机械、电气、航空和国防工业。金刚石还具有优良的半导体性能，可应用于尖端科技。

在钻石晶体中，碳原子排列成空间的棱锥形的结构，它的每一个方向都有相同的硬度。由于地球上天然金刚石很稀少，从 20 世纪 50 年代开始，很多国家的科学家都在尝试通过一定条件把石墨转化为金刚石，在1800摄氏度的高温和7万个大气压的条件下，人们终于将石墨变成了人造金刚石。

虽然钻石是自然界最坚硬的物质，不过不代表它是世界上最硬的物质。2007年8月22日的《应用物理通讯》上发表了一篇文章：德国科学家在实验室中合成出了比钻石还硬的物质的，它和钻石一样，完全由碳原子组成。这种新材料被称作钻石纳米棒聚合体（ADNR），是在200倍大气压、2226摄氏度高温下，压缩富勒烯分子（碳60）得到这种物质的。而富勒烯本身也是一种结构非常稳定的分子。

位于法国的欧洲同步辐射实验室对这种材料的结构和性质进行了研究。X射线分析显示，ADNR的密度比钻石还要高0.2%~0.4%，其耐高压能力比所有已知材料更强。科学家说，普通钻石的硬度来源于碳原子间非常强的原子键，而ADNR的硬度比钻石还高是由于它通过纳米棒互相锁合而形成。领导该试验的科学家说："看到我们的材料竟然可以将钻石刮花，我们感到非常激动和高兴。"她表示，这种材料具有非常广的工业应用前景，由于它能够耐高温，所以比钻石更适合地下挖掘或打磨坚硬的材料，同时也很容易进行大规模生产。

最早的DNA"发动机"

科学家们预测10至20年后，利用硅电路开发微型计算机将非常困难。他们一直致力于寻找使计算机体积变小的方法，试图突破目前以硅芯片为基础的计算机技术。

2000年8月9日，一个由美国朗讯科技的贝尔实验室和英国牛津大学的科学家组成的国际科研小组在《自然》上发表报告，宣布他们已利用储存基因密码的化学物质——DNA，制造出一种纳米级发动机，将有望能制成更快更小的电子器件，使电子器件的密度提高1万倍。

该DNA发动机形运用DNA碱基的配对机制，以自然产生的化学反应为基础，具有自行组装能力。它由3条DNA单链组合而成，形状像一把电动镊子，“镊子”的每个臂长7纳米，开与合相当于计算机中最基本的“0”与“1”状态。“镊子”每次开合会消耗一定的DNA，也就是说，这是一种以DNA为燃料的发动机。参与研究的牛津大学物理学家特伯菲尔德表示，利用这种会自行组装的DNA发动机，将可以开发出由分子开关与其他元件组成的微电子系统（即分子电路）。

有关专家认为，这些分子电路的先驱，有望为电子工业带来革命性的变化，也许不久将可以制造出分子大小的电子电路，这种电路有可能取代现有的硅芯片电路，从而使未来的计算机有望实现超微化，体积更小、运算速度更快。

最早的激光器

激光是最亮的光，把激光会聚起来，集中在一个小点，能够产生几千万度的高温，即使是最难熔化的金属，在它的照射下也会顷刻之间化成一缕青烟。所谓激光器是指能发射激光的装置，利用激光的定向性好和高亮度的特点，广泛应用在测距、雷达、光纤通信、医学、机械加工（焊接、切割、钻孔等）、导弹制导和核聚变试验等方面。

激光器的发明是20世纪科学技术的一项重大成就。激光器的种类虽然很多，但其制造原理基本相同，大多由激励系统、激光工作物质和光学谐振腔三部分组成。1960年，美国物理学家西奥多·梅曼在佛罗里达州迈阿密的研究实验室里，制成了世界上第一台固体激光器，其激励系统是一支能瞬间爆发强光的螺旋形闪光管，而插在螺旋管中间的红宝石棒就是这台激光器的激光工作物质。红宝石经闪光管发出的光照射后，发出激光，通过光学谐振腔的加强调节后，便射出一束强有力的激光，又称红宝石激光器。

在第一台固体激光器问世不久，也就是1960年底，世界上第一台气体激光器在美国贝尔实验室里由伊朗物理学家贾万制成。这是一台氦氖激光器，发出光束的方向性和单色性都很好，可连续工作，因此这种激光器是当今使用最多的激光器，主要用在全息照相的精密测量、准直定位上。

1962年霍耳等人创制了砷化镓半导体激光器。1966年，科学家们又研制成了波长可在一段范围内连续调节的有机染料激光器。此外，还有输出能量大、功率高，而且不依赖电网的化学激光器等纷纷问世。

最强的激光束

激光的亮度比太阳光的亮度还要高几亿倍。它不是一种天然光源。激光具有高亮度、颜色单一、方向性好等特性。

2008年2月，美国密歇根大学实验室的科学家创造了一束目前世界上最强大的激光束。测量结果显示这束激光的强度可达到每平方厘米2×10^{22}瓦特，此脉冲激光的发射时间仅为30飞秒（1飞秒为千万亿分之一秒），时间极短却可以将能量集中到一个1.3微米的斑点上，这个大小相当于人类头发直径（大约100微米）的1/100。其瞬间能量输出功率为300万亿瓦，相当于美国整个电网功率的300倍，也相当于用一面巨大的放大镜将太阳射向地球所有光束集中到一个沙砾上。

此激光束的强度比世界上其它任何激光都要高出2个数量级，每隔10秒就能产生出一次，而其它激光得要再充电1小时才行。新激光束的强大和适应性使其得到多元化应用，更易渗入前沿科技中。例如，可以帮助科学家开发更好的癌症放疗用的质子和电子束；又如极端强度的激光束可以达到将真空煮沸的程度，在实验需要时只需将光束聚焦即可。

除医学应用之外，这类激光的超强特性能够在实验室内产生超强电场、超高辐射温度、超高压、超高加速度等一系列极端物理条件，在惯性约束聚变中可以用于“快点火”机制研究。如此强烈的激光有潜力能“沸腾真空”，从而让科学家将光线集中到真空中，以制造出理论化材料。还有科学家将此用于熔合研究中，在处理过程中诱使低质量的原子和高质量原子结合，并释放出能量。

另一方面，这类激光的超短特性又是目前唯一可以用来“冻结”并揭示分子、原子内瞬态动力学行为信息的手段，因此，它是近年来最能形成新学科生长点并导致新发现、建立新概念的重要研究工具。目前世界上许多国家的实验室都相继建立了这类激光装置，并用其开展了有关物理、化学、生物及电子学等前沿学科方面的研究。

最短的光脉冲

2008年6月，德国马普量子光学研究所的科学家们制造出了世界上最短的光脉冲，仅80阿秒长（1阿秒 = 10^{-18}秒，飞秒的1/1000），而此前的记录为2007年创造的130阿秒。

制造80阿秒光脉冲的方法是将相对较长（2.5飞秒）的激发脉冲射向氖气云，受激发的氖原子会以极紫外光（EUV）短脉冲的形式释放出能量。实际上，激发脉冲只包含一两个光波振动，因此其中蕴藏着紧密的能量冲击。研究人员利用一种名为“啁啾反射镜”的装置，使处于脉冲前端的光子比较慢的后方光子传播更远的距离。这种超短光脉冲可以用作超高速闪光操纵器来捕获因太短而无法拍到的激光脉冲的图像，也可用于研究原子周围的电子运动。

英国帝国理工学院的科学家表示，“从130到80是重要的一大步，新的研究成果可以让科学家对较大原子的电子运动进行成像，而任何对微观世界更好的理解都将对整个科学领域产生影响。”

生物科技篇

比尔·盖茨曾预言“生物科技将像电脑软件一样改变这个世界”。这个论述充分说明生物科技对现代社会的巨大作用。其实，人类早在6000年前就已经利用发酵技术酿酒，2000年前利用霉菌来治疗伤口，1797年开始使用天花疫苗，1928年发现抗生素盘尼西林等等，这些事件说明人类利用生物体或细胞生产我们所需要产物的历史非常悠久。但是，自从二十世纪五十年代开始，生物科技开始在人类社会发挥与日俱增的作用，引起了人类探索生物科技的极大兴趣。

生物科技是由英文 biotechnology 翻译而来的，美国国家科技委员会将生物科技定义为“一系列可利用生物体或细胞生产我们所需要的产物的技术”。近代生物科技是从20世纪50年代开始的，随着我们对构成生物体最小单位的细胞及控制细胞遗传特征的基因有了更深入的了解，20世纪70年代更发展出了基因重组和细胞融合的技术。这两项技术能够更有效地让细胞或生物体生产我们所需要的且适合工业或农业量化生产的物质。因此从20世纪80年代开始，包括基因重组，细胞融合和一些生物制造程序等的一个新兴生物科技产业出现了。

本章叙述了生物方面从古至今的一些历史之最，可以一窥生物科学技术的发展历程，以及生物科技对人类生存发展的重要影响。

最早对“食物链”的描述

谚语“螳螂捕蝉，黄雀在后”是世界上最早对食物链概念的描述。这是出自《庄子·山木》里的一个故事：有一天庄周来到栗园，看到一只宽翅膀、眼睛又圆又大的异鹊停在栗林内，便走过去要用弹弓射它，忽然看见一只隐蔽着的螳螂捕食了一只在青枝绿叶的浓荫中的蝉。螳螂捕到蝉得意忘形，不料自身又被异鹊发现，异鹊打算捕螳螂，却不知自己已经身处险境了。庄周见状，感慨地说：“物固相累，二类相召也。”于是扔掉弹弓走开了。

这个故事里描述的人捕鸟，鸟抓螳螂，螳螂捕蝉等一系列动物之间的复杂关系，就是一条包括人类在内的食物链。在食物链中，生物与生物之间的关系有相互有利的，也有相互不利的，不同种类的生物之间，必然存在斗争。此即所谓“物固相累，二类相召也”。这是我国古代生态学成就的一个突出的例子。后来在《说苑》、《韩诗外传》和《吴越春秋》等文献中也都有类似记载。由此可见，我国古代对生态系统中的食物链，有着细致的观察和深入的认识。

对植物生态学的最早论述

植物生态学是研究植物与环境之间相互关系的科学。我们祖先在长期的农业生产活动中，很早就积累了丰富的植物生态学知识。《管子·地员》是世界上最早论述植物生态学知识的思想。而国外，在公元 19 世纪中期，一些生物学家在探险考察过程中，才获得了有关植物生态学的丰富资料。德国人洪堡德于 1807 年发表了《植物地理知识》一书，从而奠定了植物生态学的基础。但是，从时间上来说，他们对植物生态学的认识，比《管子·地员》要晚 2000 多年。

《管子·地员》记载了在土质优劣、地势高低和水泉深浅不同的土地上，适宜生长的各种不同植物，并得出“凡草木之道，各有穀造，或高或下，各有草物”的重要结论。并以一个山地为例，将山地按照海拔不同分为5个部分，列出每部分所宜生长的植物名称。还以一个小地区内植物的垂直分布为例，指出“凡彼草物，有十二衰，各有所归”，并列举了十二衰(12种植物)的名称。这些都充分论证植物的生长同土壤的性质有关，不同质地的土壤所宜生长的植物不同；同时，植物的分布与地势的高低有关。书中这些记载不仅与实际相符，也与现代的认识相同。

《管子·地员》还把土壤分为18种，其中有3种土壤最优良，合称为“三土”。书中详细说明了三土的性状及适宜种植的谷类品种。这些论述极具科学性，接近近代植物生态学初期的水平。

最早的生物防治

在自然界里，昆虫各有自己的“天敌”，利用天敌防治害虫，这种方法叫生物防治。生物防治是一种对人畜无害、花费少、使用简便、效果好的方法。我国是世界上最早成功应用生物防治的国家。

公元304年，晋代嵇含在《南方草本状》一书中，就对广东人民利用黄猄蚁防治柑桔害虫，作过详细的记载：“人以席囊贮蚁鬻（卖）于市者，其窠如薄絮囊，皆连枝叶，蚁在其中，并窠而卖，蚁赤黄色，大于常蚁。南方柑树若无此蚁，则其实（果实）皆为群蠹（害虫）所伤，无复一完者矣。”这是世界农学史上运用以虫治虫生物防治方法的最早记录。

公元9世纪，唐代的段成式也注意到我国南方有一种结巢于柑树果实上的大蚁，促使果实长得非常好。稍晚一点的刘恂在《岭表异录》中写道：“岭南蚁类极多，有席袋贮蚁子窠鬻于市者，蚁窠如薄絮囊，皆连枝带。有黄色，大于常蚁而脚一长者。云‘南中柑子树，无蚁者，实都蛀’故人竞买之，以养柑子也。”以后元、明、清等代的许多著作也均有类似记载。

经过考证，嵇含和刘恂所说的那种能防治柑树害虫的蚁就是黄猄蚁。

黄猄蚁能捕食10多种柑树害虫，对于防治柑树的病虫害，效果十分显著。而且，跟施用化学药物相比，用黄猄蚁治虫可减少落果30%。此法至今仍为广东、福建一些地方的果农沿用。

美国哈佛大学教授威尔逊曾说："农业史上，黄猄蚁的利用是生物防治害虫最古老、最著名的例子。"我国对这一事实的记载是最早、最详实的，而国外迟至19世纪后半叶才有这方面的记载。

最早的制曲酿酒技术

早在新石器时代晚期，我国就已能用谷物酿酒，这也是最早的发酵技术。商代时期，由于农业生产的发展，谷物酿酒更加普遍。传统的谷物酿酒，谷物里的淀粉质需要经过糖化和酒化两个步骤，而制曲酿酒技术则能够把糖化和酒化这两个步骤结合起来同时进行，这是我国古代独创的酿酒技术。

所谓制曲酿酒法是指以稻米、大麦、小麦、高粱等谷物为原料，通过蒸煮使谷物淀粉糊化，然后利用曲霉、酵母的代谢作用制曲，最后将曲料进行发酵酿出酒的过程。《尚书·说命》中在追述殷商佚事时说："若作酒醴，尔惟曲糵（糵，谷芽）。"这说明，我国在商代就已经发明了制曲酿酒技术。

秦汉以来，我国的制曲酿酒技术不断取得成就。《礼记·月令》中提到了用曲造酒的六点注意事项："秫稻必齐，曲糵必时，湛炽必洁，水泉必香，陶器必良，火齐必得。"意思是"酿酒用的谷物必须成熟，投曲必须及时，浸煮时必须保持清洁，造酒用的水质必须要好，器皿必须用优良的陶器，火候必须适宜。"这其实是对我国古代酿酒技术的科学总结。到汉代时，由于制曲技术的发展，可以利用不同的谷物制曲，从而增加了酒的品种。北魏的《齐民要术》卷七，专门讲了制曲酿酒的方法，列举的12种制曲法中，有两种是碎块的散曲，有10种是饼状曲。这些饼曲至今仍是酿造高粱酒最常用的曲。唐宋时期，制曲技术进一步发展，酒的品种更多了。

北宋时，还出现了一部论述造酒的专著——《北山酒经》。

从商代开始，几千年来，我国独创的制曲酿酒技术不断得到发展，新曲品种陆续被发现。而欧洲直到19世纪90年代，才从我国酒曲中得出一种毛霉，在酒精工业上建立起淀粉发酵法。

最早的人工选择育种技术

世界上最早的人工选择育种技术是我国古代劳动人民发明的。我国的人工选择育种技术，历史悠久，成就突出，至今仍在农业生产中广泛应用。

周代初期至春秋中叶的《诗经·大雅·生民》中，有不少关于农作物的品种和选种的记载。如“种之黄茂”，意思是播种时要选色泽光亮美好的种子，才会长出好苗来。又如“诞降嘉种，维秬维秠，维穈维芑”，把“秬”、“秠”、“穈”、“芑”看作是“嘉种”，说明当时已经有了优良品种的概念。

西汉的《氾胜之书》中，记载了“存优汰劣”的人工选择育种的穗选法：“取麦种，候熟可获，择穗大强者”收割下来，收藏好，“顺时种之，则收常倍”。对黍、粟的选种，也强调“选好穗纯色者”。

北魏的《齐民要术》说：“粟、黍、穄、粱、秫，常岁岁别收，选好穗色纯者，劁刈高悬之。至春，治取别种，以拟明年种子。”这说明当时人们不仅十分重视选种，还建立了专门的种子田，把选出来的纯色好穗，另外种植在种子田里，避免与其他种子混杂。《齐民要术》又指出，不仅要加强管理种子田，而且在收割时，要先收割种子田里的作物，并单独存放。这是近代混合选择法的先导，比德国选种专家仁博于1867年改良麦种所使用的混合选择法要早1300多年。

清代的《齐民四术》一书中，提出要在肥地选择单穗，分收分存。他把这种单穗选择育种称为“一穗传”。这种一穗传的育种方法，是地地道道的单株选择法，比近代选种史上维尔莫林于1856年开始的甜菜单株选择要早100多年。清代康熙皇帝曾亲自应用了单株选择法，对作物的突变进行了有意识的选择，从而培育出一种新的优良稻种——“御稻”。

而畜牧业育种方面，我国在春秋时期就有了杂交育种和杂种优势利用的记载，世界上最早有关杂交提高动物饲养价值的记载。

繁殖骡子是远缘杂交和利用杂种优势的典型例子。现在人们把母马配公驴所生的骡子叫马骡，古代称“蠃”；把母驴配公马所生的骡子叫驴骡，古代称“駃騠”。对此，《齐民要术》有详细记述，并指出“所生骡者，形容壮大，尔复胜马”。明代的《本草纲目》也说，“骡大于驴，而健于马”。马和驴杂交产生了杂种骡，结合了马和驴的优良性状，比马、驴都强。

明代的《天工开物》记载了三四百年前杭嘉湖地区蚕农做的两组家蚕杂交工作。其一是将吐黄丝的雌蚕与吐白丝的雄蚕杂交；其二是将雄性的“早种蚕”与雌性的“晚种蚕”杂交。书中说，这样做可以“幻出嘉种”，即变化产生优良蚕种。这两种人工杂交育种，是我国古代养蚕史上的一个创举，也是世界上家蚕杂交育种的先例。

无性杂交的嫁接技术，也是我国首创。西汉的《氾胜之书》中即有靠接法的记载。汉代以后，嫁接技术发展到不同种植物之间的嫁接。到了金代、元代，已经有了身接、根接、皮接、枝接、靥接和搭接六种嫁接方法，应用于桑树和果树的嫁接。

总之，我国古代在人工选择育种方面，达到了相当高的水平，取得了举世瞩目的成就。进化论的创立者、19 世纪英国伟大的生物学家达尔文，在他的《物种起源》一书中说：“如果以为选择原理是近代的发现，那就未免和事实相差太远，……在一部古代的中国百科全书中，已经有关于选择原理的明确记述。”从达尔文所引述的内容来看，这部百科全书很可能指的是北魏的《齐民要术》。

最早成功的人工单性生殖实验

到 1958 年之前，人工单性生殖的个体是否有传种的能力，是生物学界尚未解决的一个问题。直到生物学家朱洗等人最先在世界上培育出“没有外祖父的癞蛤蟆”，这个谜底才得以揭开。

中国科学院上海实验生物研究所所长朱洗和副研究员王幽兰等，从1951年开始在蟾蜍科动物中用涂血针刺法进行人工单性生殖（动物不经受精进行繁殖）的实验。他们剖开母癞蛤蟆，取出卵巢，让卵巢排出卵子，在卵子外涂上癞蛤蟆的鲜血，用一根直径只有头发1/10那么细的玻璃丝刺破卵子表面，使癞蛤蟆鲜血中的白细胞钻进卵子。到1958年和1959年，终于从4万多个无膜受刺的卵子中，得到25只“无父”的小癞蛤蟆。其中有一只1959年3月出生的母癞蛤蟆。这只“无父”的母癞蛤蟆于1961年3月产卵3000多枚。这些卵受精后发育良好，除大部分用作实验材料外，还产生了800多只蝌蚪，40多天后，绝大多数变成了小癞蛤蟆。按“辈份”推算，它们是“没有外祖父的癞蛤蟆”。

在此之前的近50年中，各国生物学家在蛙科动物中进行人工单性生殖的实验，得到了一些蝌蚪和极少数“无父”的“子代”。但是这些“子代”蛙科动物从来没有能达到产卵传种的阶段，而“没有外祖父的癞蛤蟆”的诞生，证明人工单性生殖的子代具有繁殖后代的能力，这在生物学上有着重大的意义。

最早人工合成蛋白质

胰岛素是人和动物胰脏里一种岛形细胞群分泌出的激素，分子量是5700，每个分子有两条氨基酸组成的链条，一条叫A链，由21个氨基酸组成；一条叫B链，由30个氨基酸组成。胰岛素是最简单的蛋白质，具有调节血糖含量的功能。

1958年，中国科学院上海生物化学研究所、上海有机化学研究所和北京大学化学系等单位的科学工作者合作向人工合成胰岛素这个科研难关进军。他们从天然胰岛素分子的拆合开始，历经6年多的摸索，最后确定了方案：把氨基酸按照一定的顺序连结起来，制成像天然胰岛素一样的两条链，再把A、B两条链连在一起。虽然这是一项十分艰巨而复杂的工作，但是经过研究组的不懈努力，最后在1965年9月17日，实现了人工合成结晶牛胰岛素，这是世界上最早用人工方法合成的蛋白质。经过晶体结构测定，证明它具有天然胰岛素一样的生命活力和同样的物理、化学性质。

成功实现人工合成牛胰岛素，促进了复杂蛋白质的人工合成研究，并为合成核酸积累了经验，也为人工合成生命物质开拓了道路。这项重大科技成果标志着人类在认识生命、揭示生命奥秘的历程中迈出了关键性的一步，引起了世界科学界的极大震动。

最早人工合成核糖核酸

核酸和蛋白质是生物体内最重要的物质基础。生命活动主要通过蛋白质来体现，生物的遗传特征则主要由核酸所决定。没有核酸和蛋白质，就没有生命。继成功实现人工合成牛胰岛素之后，我国的科学家又把目光转向了人工合成核糖核酸。

1968年，我国科学工作者开始人工合成酵母丙氨酸转移核糖核酸的研究。这种核糖核酸由76个核苷酸组成，其中除了4种常见的核苷酸外，还有7种稀有的核苷酸。经过千百次的探寻和摸索，科学工作者终于自行制备出了11种核苷酸，近10种核糖核酸工具酶和有关的化学试剂，并采取有机化学和酶促合成的方法，把核苷酸连接成小片段，然后分别接成含有35和41个核苷酸的两个半分子。1981年11月20日完成了最后的合成，以后又进行了5次重复合成试验，均获得了成功。

我国合成的酵母丙氨酸转移核糖核酸，是世界上最早用人工方法合成的具有与天然分子相同化学结构和完整生物活性的核糖核酸。它除了含有天然分子所含有的4种常见核苷酸外，还含有全部7种稀有核苷酸，同时具有接受丙氨酸的活力和将丙氨酸掺入到蛋白质中去的活力，合成的产率和得率也较高。

最早人工饲养白鳍豚

白鳍豚是仅产于我国洞庭湖和长江中下游的水生哺乳动物，以其珍稀、科研价值高而举世瞩目。它的大脑、声纳系统和皮肤结构，在水生生物学、动物声学、生物物理学、仿生学和军事科学上，都有着重要的理论研究价值和实际应用价值。比如，白鳍豚的眼睛虽然已经基本退化，但却能够迅速，准确地捕捉食物，说明它能够利用声音定位。仅这一方面的研究，在科学上就有着不可估量的价值。

白鳍豚以鱼类为食，体形像鱼却没有鳃，靠肺呼吸，嘴扁长，有背鳍，体长约2～2.5米，每隔几十秒钟浮出水面呼吸一次。白鳍豚是比大熊猫还要古老的“活化石”。目前，在世界上仅存的四种淡水豚类中，白鳍豚的存活量最少，估计只有二三百头。

1992年底，一座先进设备齐全的现代化的白鳍豚馆建成投入使用，这里有目前世界唯一人工饲养的雄性白鳍豚——淇淇。它是1980年1月11日，渔民在长江洞庭湖口城陵矶用滚钩捕到的。当时这只年仅3岁的雄性白鳍豚，体长为147厘米，体重为36.5千克，颈部有2个直径为4厘米、深8厘米的伤口，身上也有多处擦伤，生命垂危。科研人员治愈了它的伤，为它取名“淇淇”，放在人工池塘里饲养，并进行系统的研究。

淇淇是第一条被人捕到的活的白鳍豚，也是我国和世界上最早人工饲养的白鳍豚。活体白鳍豚很难捕捉，人工饲养则更为不易。我国人工饲养白鳍豚的成功，引起国际上有关专家的惊讶和赞叹。

最早的DNA结构模型

DNA是脱氧核糖核酸的缩写，是一种长期携带生物遗传信息的分子，可组成遗传指令，引导生物发育与生命机能运作，是人类繁衍和进化的基本单位。揭示它的结构具有深远的意义，能帮助人类探索生物的繁衍、生长、发育等生命活动，甚至是各种疾病的治疗都会获得更好的疗法。

DNA 由核苷酸组成，而核苷酸由一个或多个磷酸基团、一个脱氧核糖和一个含氮碱基构成。组成 DNA 的核苷酸中的含氮碱基共有 4 种，它们是腺嘌呤、鸟嘌呤、胞嘧啶和胸腺嘧啶，分别用字母 A、G、C 和 T 表示。核苷酸相互连接形成一条链，链上磷酸基团和脱氧核糖交互出现。奥地利生物化学家查加夫在 1948～1952 年对 DNA 中 4 种碱基的含量进行了精确测定，发现在任何细胞的 DNA 中，腺嘌呤的量同胸腺嘧啶的量相等，而鸟嘌呤的量同胞嘧啶的量相等。

最早确定 DNA 结构的是卡文迪许实验室的詹姆斯·沃森与佛朗西斯·克里克。他们在 1953 年时，根据伦敦国王学院的罗莎琳·富兰克林所拍摄的 X 光衍射图及相关资料，设计并提出了最早的 DNA 结构精确模型——DNA 双螺旋结构模型，并发表于《自然》期刊。

沃森和克里克认为 DNA 的双螺旋主链由核苷酸中的糖和磷酸部分构成，核苷酸中的碱基同螺旋链横向连接；核苷酸中的碱基通过氢键连接成特殊的碱基对，A 总是和 T 相对，C 总是和 G 相对；双螺旋的两条主链走向相反。在此之后的各项研究不断证明了这个结构的正确性。

DNA 双螺旋分子结构模型的提出表明遗传学的研究从细胞水平进入到分子水平，这是分子生物学形成的一个重要标志。沃森和克里克的模型对人们认识蛋白质合成、DNA 复制和突变具有重要意义，为此他们同威尔金斯分享了 1962 年诺贝尔生理学与医学奖。

第一例试管山羊

家畜体外受精，是 20 世纪末世界上迅速发展的生命科学的一个重要领域。遗憾的是，由于牛、羊等家畜的精子没有穿越卵子的足够能力，致使这方面的研究在当时长期没有进展。直到 1984 年，我国科学工作者旭日干与日本的花田章博士一起成功培育了世界上第一例试管山羊，这一事件是家畜体外受精研究的一个里程碑。

旭日干是内蒙古大学讲师，于1982年到日本兽医畜产大学及日本农林省畜产试验场进修学习。他的研修课题，是当时被各国畜牧专业认为最难突破的家畜体外受精。但是，旭日干勤奋刻苦，将全部精力都用在突破这一课题上。他与日本的花田章博士合作，于1983年10月，把用化学药物处理过的公山羊精子，与母山羊卵子在试管中受精，然后把12个受精的卵子，移植到5只2岁以上的母山羊的子宫中。其中4例受精卵在子宫着床失败，一例获得成功，并于1984年3月9日顺利产仔，这是世界上第一例试管山羊。

这只试管山羊的培育成功，具有重要的科学价值和实用价值，为细胞工程技术改良家畜开辟了新路，并使人工控制家畜雌雄成为可能。

最早实现人基因在植物中表达

1988年5月，带有人类干扰素基因序列的烟草植株在中国科学院遗传研究所遗传操作室培育成功，这是世界上第一次实现人基因在植物中表达，也是第一例产生人体蛋白的转化植株。

几乎所有的脊椎动物体内都存在着干扰素基因，它表达的干扰素是一类具有高活性、多功能的诱生蛋白，对正常细胞影响不大，能够有选择地对异常细胞起作用。当病毒感染时，可以使细胞有效地抵抗病毒。科学试验证明，干扰素同样能够使植物具有抗病毒的作用。如果人体干扰素的抗病毒作用在植物中能够表达将在培养抗病毒植物方面具有突破性的意义。

从1986年起，24岁的研究生陈炬在中国科学院遗传研究所研究员李向辉的指导下，经过两年努力，组建了含有人的α干扰素的嵌合分子，并成功地把它导入烟草细胞，从而获得了新的烟草植株。测试结果发现，该烟草植株中存在人类干扰素基因序列，并且基因能够正常表达产生干扰素。

这一研究成果意味着，人类有可能通过基因工程技术培育出抗某些植物病毒的新品种，进而制造含有人体蛋白的食品，同时还可以通过植物来生产廉价的干扰素。

最早揭开大熊猫起源之谜

大熊猫在外部形态和内部器官构造上既有熊科也有浣熊科的特征，因而关于它的起源和分类，自 1869 年命名以来，一直是学术界激烈争论的问题，但因为缺乏化石，长期以来未能定论。于是，大熊猫的祖先究竟是什么动物的问题，就成了一个科学之谜。

1989 年，我国科学工作者证明大熊猫的祖先是祖熊，大熊猫应属熊科而不是浣熊科，从而在中国和世界上首次揭开大熊猫起源之谜。

中国科学院古脊椎与古人类研究所研究员邱占祥、副研究员祁国琴，在研究云南禄丰古猿产地食肉类化石时发现，有一种小型熊类动物的牙齿结构，既有熊猫的特征，又有祖熊的特征，地质年代距今约 820 万年，是目前世界上已知最早的大熊猫类的代表，他们将其定名为始熊猫。这个重要发现，为解决大熊猫的起源与分类地位问题提供了直接证据。

我国科学工作者对上千件大熊猫化石标本进行了综合分析研究，特别是通过电子显微镜扫描等微观手段，对大熊猫、小熊猫、黑熊以及祖熊的牙齿釉质结构进行了深入的比较研究，结果表明大熊猫起源于熊科中的祖熊而不是浣熊。此外，应用兔抗大熊猫免疫球蛋白血清进行的有关试验结果，也表明大熊猫的分类地位应为熊科而不是浣熊科。

最早的转基因蚊子

据报道，目前全球已有 270 万人死于疟疾，还有 5 亿人感染了疟疾，其中至少有 100 万儿童。找到根治疟疾的方法是众多科学工作者的目标。

2000年6月18日出版的英国《泰晤士报》报道称，伦敦皇家大学的克利山蒂在他即将发表的论文中透露，他们已经能够锁定一些特定的基因，进而改变蚊子的基因结构，使它们无法传播疟疾，并通过基因移植的方式已经成功地培育出世界上第一只转基因蚊子。

克利山蒂说，他们花了15年时间进行这项研究，遇到的最大挑战就是蚊子刚产下的卵很快就会变硬，要往卵子内注入基因极为困难。后来，他们利用一种合成剂来放慢其硬化进度，从而获得了成功。

科学家们普遍认为，如果皇家大学的这项蚊子的基因改造技术趋于成熟并得到推广，将为人们从根本上告别疟疾带来福音。

最早的冬小麦花培新品种

"京花一号"是我国和世界上第一个用花粉培育的冬小麦新品种，

"京花一号"抗逆性强，品质好，亩产一可达300 ~ 400千克，成为深受农民欢迎的小麦品种。该品种是由北京市农林科学院作物所副研究员胡道芬领导的课题组，经过6年艰苦努力培育成功的。

花培育种是世界上蓬勃兴起的生物工程中的一项重要内容。所谓花培育种即花药单倍体育种，就是将花药放在特殊的无菌培养基上，再加入生长素、激素等物质，促使花药细胞分裂，先形成不具分化的细胞团块（叫做愈伤组织），继而再诱导其分化——长出根、茎、叶，形成完整的植株。

由于将冬小麦的花粉接种到培养基上，很难培育出花粉植株，所以，攻克冬小麦花培育种是一道难关。胡道芬领导的课题组迎难而上，对花药培养和花粉植株移栽技术进行了大胆的改革和创新，逐步建立起冬小麦花粉育种的程序。

胡道芬在育种方法上取得突破，探索出一条将花培育种与常规育种结合的冬小麦育种新途径，使育种周期缩短了4年。这是具有世界先进水平的重大成果，它丰富了冬小麦花培育种的理论和实践，受到国际遗传学界的高度评价。

世界最早的花

1998年，南京地质古生物研究所研究员孙革等中国科学家，在辽宁北票地区发现的1.45亿年前的被子植物——辽宁古果，被国际科学界认为是有确切证据的世界上最早的花。

被子植物因有显著而美丽的花朵又称显花植物、开花植物，这是历史上最晚出现的一类高等植物，只有1亿多年的历史，是植物界最繁盛的类群，现有25万个不同种属。人类吃的米麦，穿的棉麻，赏的梅兰等，都属此类。大自然只有进入被子植物时代，才有真正的花，大地才开始变得绚丽多彩，万紫千红，生机盎然。哺乳动物随被子植物的兴起而繁盛，并发展到高级阶段，以至进化出人类。被子植物给人类提供了丰富的衣食住行以及医药、工业等的资源，还被利用于美化生活、水土保持、园林绿化和环境保护等。它是人类生存发展不可替代的物质资源。正因为被子植物与人类生活如此密切，所以被子植物的起源及早期演化，成为古植物学领域的重大问题。

辽西发现的辽宁古果，共有8块标本，显示了最早期被子植物的原始性，其结构有点像现今的木兰花，只是果荚排列不像木兰花的聚合果那样紧密。由于原始的花处于裸子植物演化为被子植物的最初阶段，因此，不像现今的花有美丽的花瓣、花萼、花托、雄蕊、雌蕊等，但辽宁古果具有被子植物最重要的特征——种子被果实包藏着。从古植物学来看，果实、种子和花朵本是一体，只是处于不同的发育阶段，看到了果实就等于看到了花。它出现在距今1.45亿年的侏罗纪时期，以往从未发现过这样早的被子植物化石记录，因此，辽宁古果被视为迄今世界最早的花。

最古老的树木

2008年4月21日，瑞典科学家向世界宣布，他们发现了迄今为止世界上最古老的树木——一棵挪威云杉，树龄高达 9555 年。

这棵树生长在海拔 950 米的地方，高度超过 2 米，树干直径大约 20 厘米。发现后不久，科学家们就把树木标本送到位于美国佛罗里达州迈阿密的一家实验室检验，得知它已经有 9555 岁高龄，在冰河时代结束后不久就开始扎根生长这里。挪威云杉是云杉家族常见树种之一，经常被当作圣诞树使用。吉尼斯世界纪录显示，此前世界上活着的最古老树木已经生长了距今 4769 年，是一棵生长在美国加州怀特芒廷地区名为“梅休塞拉”狐尾松。

最早的克隆羊

1996 年 7 月 5 日，世界上第一只克隆羊——“多莉”诞生于英国爱丁堡罗斯林研究所。它是世界上第一只真正用克隆技术无性繁殖成功的动物。

罗斯林研究所是英国最大的家畜家禽研究所，也是世界著名的生物学研究中心，就是在这里，伊恩·维尔穆特科学研究小组全体成员，采用体细胞克隆技术，从一只 6 岁芬兰多塞特白面母绵羊的乳腺中取出乳腺细胞，将其放入低浓度的营养培养液中，使细胞逐渐停止分裂，作为“供体细胞”；同时从一头苏格兰黑面母绵羊的卵巢中取出未受精的卵细胞，立即除去细胞核，留下一个无核的卵细胞，作为“受体细胞”；然后利用电脉冲方法，使供体细胞和受体细胞融合，形成“融合细胞”。这样做是因为电脉冲可以产生类似于自然受精过程中的一系列反应，使融合细胞也能像受精卵一样进行细胞分裂、分化，从而形成“胚胎细胞”；最后，将胚胎细胞转移到另一只苏格兰黑面母绵羊的子宫里，进一步分化和发育，最后形成小绵羊——多莉。多莉的妊娠期是 148 天，体重为 6.6 千克，“多莉”是维尔穆特用他喜爱的乡村歌手多莉·帕顿的名字命名的。

从实验过程可以看出来，多莉是无性繁殖的后代，它没有父亲而有 3 个母亲："基因母亲"——芬兰多塞特白面母绵羊；"借卵母亲"——苏格兰黑面母绵羊；"代孕母亲"——另一只苏格兰黑面母绵羊。从理论上讲，多莉继承了"基因母亲"的遗传特征，它是一只白面羊，而不是黑面羊。分子生物学的测定也表明，它与提供细胞核的那头芬兰多塞特白面母绵羊，有完全相同的遗传物质（确切地说，是完全相同的细胞核遗传物质。还有极少量的遗传物质存在于细胞质的线粒体中，遗传自"借卵母亲"），它们就像是一对隔了6年的双胞胎。

1997年2月27日，英国《自然》杂志全文刊登罗斯林研究所的实验结果。动物克隆试验的成功在细胞工程方面具有划时代的意义，科学家认为，多莉诞生标志着生物技术新时代来临，意味着人类可以利用动物的任何一个组织细胞，生产出很多与母体相同的生命体。这种繁殖方式打破了两性繁殖的传统行为，是基因研究工程领域的一大突破。"多莉"的问世给全世界带来了巨大的震撼。

1998年和1999年是多莉最幸福的两年，它不仅享受作为首只克隆羊应享有的超级待遇，还与一只名叫戴维的威尔士山羊"喜结良缘"，于1998年4月13日凌晨4时生下一只雌性的体重2.7千克的小羊羔，取名"邦妮"。1999年，多莉一家又迎来了3个可爱的羊宝宝。那时，已经是4个孩子母亲的多莉显得富态而慈祥。

然而，1999年底罗斯林研究所的科学家宣布，他们发现多莉体内细胞开始显露老年动物所特有的征候。论自然年龄，多莉当时刚刚三四岁，大家不禁怀疑："克隆动物是否早衰？"随后的几年里多莉的健康不断恶化，它6岁时已经患多种慢性疾病，包括风湿、早衰以及逐渐恶化的肺病。

2003年2月14日，经兽医诊断，多莉患有严重的进行性肺病。所谓"进行性"疾病是指病情不断发展恶化，生命危在旦夕。鉴于这种情况，研究所决定为多莉实施"安乐死"。他们实在不忍眼睁睁地看着多莉郁郁而终，希望这只曾经享受过生命的快乐、并且为全世界带来过无数惊喜的可爱的小绵羊，平静安详地离去。

经过227次试验才成功一只的克隆羊多莉去世了，引发大家更多的思考，是克隆技术尚未成熟，还是克隆动物不可避免的都会早衰?

我国克隆出第一头克隆牛的中国农业大学教授陈永福说，“生命的长短取决于染色体分裂次数，多莉羊之所以6岁多就出现早衰症状，那是因为它的遗传物质取自一头六七岁的绵羊。按普通绵羊十一二岁的寿命，这头绵羊体细胞中的染色体已经分裂了六七年，因此，它们在多莉羊体内当然也只能再持续分裂六七年，这说明克隆技术无法让细胞‘返老还童’。”

对人类来说，克隆技术是一把“双刃剑”。一方面，它能给人类带来许多益处；另一方面，它将对生物多样性提出挑战，而生物多样性是自然进化的结果，也是进化的动力。有性繁殖是形成生物多样性的重要基础，“克隆动物”则会导致生物品系减少，个体生存能力下降；更让人不寒而栗的是，克隆技术一旦被滥用于克隆人类自身，将不可避免地失去控制，带来空前的生态混乱，并引发一系列严重的伦理道德冲突!

农业科技篇

农业是通过培育动植物来生产食品及工业原料的产业。而农业科技，主要就是用于农业生产方面的科学技术以及专门针对农村生活方面和一些简单的农产品加工技术。包括种植，养殖，化肥农药的用法，各种生产资料的鉴别，高效农业生产模式等几方面。

我们赖以生存的基础是农业，从狩猎到养殖，从采摘野果到种植，都离不开劳动人民再生产中的探索和研究。今天，我们生活在物质丰富的年代，但是，我们不能忘记农业仍然需要发展，更需要科学。

物理、化学、生物、地理等等其他自然科学的发展，在农业中多有应用，从而使得农业的科技含量程度越来越高，如培育动、植物新品种，开发生物疫苗、生物肥料、生长调节剂等生物技术产品，以及提升农业生产机械化、化学化、水利化、电气化等水平。而通讯、交通等的发展，使得农业的产前、产中、产后技术都得到统筹安排，使得各个环节协调发展。

本章记述了农业发展过程中生产技术革新的一部分最具代表性的科技应用。由于生物科技应用的领域已经非常广泛，并且与我们日常生活息息相关，在一般报章杂志或新闻媒体上也经常有相关的报道，因此了解生物科技新知识应该列入我们平常学习的一部分。

最早的农业

原始农业的出现，使人们具备了在自然界中创造自己生活所需的能力。这一革命性的变革，是出现在旧石器时代晚期与新石器时代早期。

世界上最早出现农业科学的地区在西亚。考古学家已经发现了约1万年前人类在现今土耳其境内种植小麦的证据；在我国余姚一处石器时代遗址中发现大量被炭化的稻谷，经鉴定是6000年前的遗物。

原始农业

最早的农业依赖石器工具和火，称为“刀耕火种”农业。人们先用石器工具将地面上的树木、柴草砍倒，晒干，然后点上火，将地表的柴草之类烧尽，最后撒上种子。古人把种子播种下去之后，便任其生长。待作物成熟后，再用石器工具收割，后以石磨或石碾加工，生产便完成了。

到了新石器晚期，人们又学会制造和使用石耜、骨耜、石犁等农具，于是农业又发展到“耕锄农业”。

现今世界上的许多农作物，如小麦、大麦、水稻、玉米、甘薯、亚麻、棉花和多种蔬菜、豆类等，都已为原始人类所种植。

最早使用杀虫药剂

公元前2世纪的《淮南万毕术》中有这样的记载：“夜烧雄黄（二硫化二砷），水虫成列。水虫闻烧雄黄臭气，皆趣（趋）火。”这说明我国早在公元前2世纪以前就已经掌握了利用燃烧二硫化二砷产生的气体——三氧化二砷和二氧化硫灭虫的方法了。而我国现存最早的药学专著《神农本草经》中也记述了用汞和硫化砷等杀灭寄生虫的事实。

以上是我国使用杀虫药剂灭虫最早的文字记载。而欧洲，直到1763年才由瑞典化学家杜勒制成含砷的杀虫剂。可见，我国是世界上最早使用杀虫药剂的国家。

最早的畜牧业

原始畜牧业是从狩猎活动中发展而来的，大约开始于1万多年前。人们将猎获的一些易于驯服的动物饲养起来，并且让其在驯养条件下生殖繁衍。人类最早驯养的家畜可能是绵羊，接着是狗，以后是山羊、猪、牛、驴、象、马、骆驼等。后来，人们发现畜牧业比种植业更为有利，于是，畜牧业的比重增大了。

由于畜牧业的不断发展，人们不得不到处寻找草场，这时出现了游牧。于是，畜牧业从农业中分离出来，这是人类社会的第一次大分工。

最早的施肥技术

史料记载的使用施肥技术的时间，我国在世界上远远早于其他各国。我国最早使用施肥技术是在战国以前，到战国时期，已经达到普遍使用的程度了。欧洲直到公元10~11世纪，才开始在农田施肥。

我国使用施肥技术的历史十分悠久，早在战国以前，劳动人民就懂得利用粪便和腐烂的野草作肥料了。《诗经·周颂·良耜》有“荼蓼朽止，黍稷茂止”的诗句，意思是野草枯朽而禾苗茂盛，表明当时人们已经用腐烂的野草做肥料增强地力了。

战国时期，随着农业生产的发展，我国开始普遍使用施肥技术，这在不少古籍中均有记载。例如，对用人或动物的粪便作肥料，《孟子·滕文公上》提到“粪其田”；《荀子·富国》讲过：“多粪肥田，是农夫众庶之事也”；《韩非子·解老篇》说，“积力于田畴，必且粪灌”。这些，说明了施肥已成为当时提高农田产量的一个广泛应用的措施。

古代施肥技术

战国时期，人们已经知道树叶也和野草一样，在土中腐烂可以做肥料，《荀子·致士》说：“树落则粪本。”而且，人们还掌握了烧制灰肥和沤制绿肥的技术，《礼记·月令》说：“土润辱（溽）暑，大雨时行，烧薙行水，利以杀草，如以热汤，可以粪田畴，可以美土疆。”讲的是夏天的时候，将割下来的野草焚烧成灰，或用水泡上使之腐烂作为肥料改良土壤的事情。这种用树叶和野草制作绿肥和灰肥的做法，数千年来一直为我国农民所沿用。

最早的复种轮作

复种，是在同一块土地上，一年播种和收获两次以上的耕作方法，这种方法可以充分利用单位面积的土地，提高农田的产量；轮作是在一块田地上依次轮换栽种几种作物，这种方法可以改善土壤肥力，减少病害。我国最早实行复种轮作是在战国时期。

战国时期，随着农业生产的发展，部分地区改变了一年一熟制。把冬麦和一些春种或夏种的作物搭配起来，采取适当的技术措施，在一年或几年之内，增加种植和收获的次数。《管子·治国》记载：嵩山（今河南登封）之东，河（黄河）汝（汝水）之间，已经能够“四种而五获”（四年五熟）；另外，《荀子·富国》记载：当时黄河流域有的地方，可以“一岁而再获之”（一年两熟）。

农 田

复种轮作的耕作技术，在后世的农业生产中不断得到发展和提高。汉代的《异物志》说，南方有“一岁再种”的双季稻。东汉著名的经学家郑玄注释《周礼》时提到，在他生活的那个时期，已经流行“禾下麦”（粟收获后种麦）和“麦下种禾豆”的耕作方式。北魏的《齐民要术》对复种轮作的认识已经比较深刻。书中总结了一套轮作法，并对不同的轮作方式进行了比较，还特别强调了以豆保谷、养地和用地相结合的豆类谷类作物轮作制。复种轮作的推广，对促进我国古代农业的发展起了重要作用。

最早种植咖啡的国家

咖啡是世界三大饮料之一（其他两种是茶和可可），就每年的消费量而言，它是可可的3倍，茶叶的4倍。一般情况下，咖啡种植4年就可收获，几年后即进入盛产，可连续采摘几十年，是一种投资少、收益早、产值高的热带木本经济作物，因而到种植业人们广泛的欢迎。

咖啡豆

尽管世界上最大的咖啡生产国是巴西，但最早种植咖啡的国家不是巴西，而是非洲的埃塞俄比亚。早在4000多年前，当世界上大多数人还不知道咖啡是什么东西的时候，埃塞俄比亚西南部高原的阿高族人，就已经种植和饮用咖啡了。随后，咖啡被在埃塞俄比亚经商的阿拉伯人带到了阿拉伯半岛，并在现在的也门广泛地种植，后来人们在这里培育出了优良的“阿拉伯咖啡”。

可可产量最多的国家

可可树遍布热带潮湿的低地，常于高大树木的树荫处。它的花很小，但是结出来的果实却非常大，在它又厚又硬的外壳里藏着 20~40 粒种子。果实经发酵及烘焙後可制可可粉及巧克力，是巧克力和饮料的主要原料。

非洲国家科特迪瓦出产可可豆的数量近年来跃至世界第一，其 2003~2004 年度出产 140.7 万吨，2004~2005 年度出产 123 万吨。在科特迪瓦，可可的种植面积为 187 万公顷，年均产量 130 万吨，约占世界产量的 45%。其 80% 的可可豆由家庭小作坊种植，总种植量约为 80 万株。

科特迪瓦的农业以生产经济作物为主，除了产量居世界第一位的可可外，还生产咖啡、棉花、橡胶、玉米、木薯等，其中可可和咖啡的出口收入占农业经济收入的 50% 以上。而科特迪瓦的阿比让港和圣佩德罗市是可可豆出口欧美等国的主要海港。

可可树

据最新统计，德国是世界上巧克力消费量最大的国家。德国著名巧克力生产厂家路德维西、瑞特、施涛尔韦克的可可豆原料均来自科特迪瓦。而意大利著名巧克力品牌费列罗和美国著名品牌卡夫巧克力的可可豆原料也都是科特迪瓦生产的。

最早的农田灌溉系统

我国秦朝修建的都江堰是世界上最早的农田灌溉系统，距今已经2000多年了。它位于四川成都平原西部的岷江上，距成都56千米，是战国时期秦国蜀郡太守李冰及其子率众修建的一座大型水利工程。它是我国现存的最古老而且依旧在灌溉田畴，也是世界上最早的农田灌溉系统。

都江堰建于公元前256年，是我国古代劳动人民勤劳、智慧的结晶。秦灭蜀后，蜀国成为了秦朝的一个郡。当时的蜀郡太守李冰看到雨季时的岷江在广阔的平原上肆虐奔流、泛滥成灾、淹没农田、冲走庄稼，水退落后又常常出现旱象，给当地带来严重的灾患，老百姓深受其害，于是下定决心根治水患。他在前人的基础上，反复勘察和研究，访察水脉、因地制宜，决定采用“引水以灌田，分洪以减灾”的方针，亲自率领儿子及蜀郡百姓，在岷江上摆开了战场，耗时十几年才竣工。

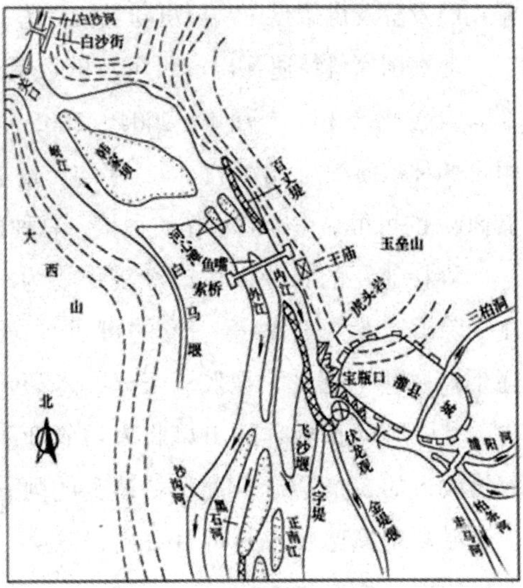

都江堰

都江堰

都江堰水利工程主要由分水鱼嘴、宝瓶口引水口和飞沙堰泄洪道三大主体工程构成。三者有机配合、相互制约、协调运行，共同实现引水灌田、分洪减灾的功效。

鱼嘴分水堤：建造者们巧妙地在岷江江心以竹笼装卵石筑成分水工程，

将肆虐的岷江分为内外二江。西边叫外江，俗称“金马河”，是岷江正流，主要用于排洪；东边沿山脚的叫内江，是人工引水渠道，主要用于灌溉。“鱼嘴”化害为利，兼具泄洪与灌溉两大功能。

宝瓶口：是在湔山（今名灌口山、玉垒山）伸向岷江的长脊上凿开的一个口子，形成人工控制内江进水的咽喉，因它形似瓶口而功能奇持，故名宝瓶口。宝瓶口起到了“节制闸”作用，能自动控制内江进水量。

飞沙堰：“泄洪道”具有泄洪排沙的功能，故又叫它“飞沙堰”。其作用主要是当内江的水量超过宝瓶口流量上限时，多余的水便从飞沙堰自行溢出；如遇特大洪水的非常情况，它还会自行溃堤，让大量江水回归岷江正流。还有一个作用是“飞沙”，由于岷江从上游挟着大量泥沙、石块而来，如果让它们顺内江而下，就会淤塞宝瓶口和灌区。李冰父子建设飞沙堰时，是用竹笼卵石堆砌而成的；如今已改用混凝土浇铸，以保一劳永逸的功效。

当地百姓为了纪念李冰父子的功绩，在都江堰附近建造了庙宇，世代供奉他们的塑像。

都江堰水利工程从根本上根治了水患，新中国成立后，都江堰经过改造扩建，现已有大小 3 万多条灌溉渠道，灌溉着成都平原及周边丘陵地区 40 多个县、市，使四川盆地成为我国著名的“粮仓”，号称“天府之国”。

最早的养蚕技术

我国是世界上最早养蚕的国家，并且在一段相当长的时期中是唯一的养蚕国家。

考古资料证明，我国人工养蚕开始于六七千年以前。在山西夏县西阴村新石器时代遗址中，考古工作者发现过一个被刀子切过的蚕茧，据分析是家茧的蚕茧。这是我国目前发现的最早的家蚕蚕茧。商代，甲骨文中有“桑”、“蚕”、“丝”、“帛”等字，而且，从桑、从蚕、从丝的字多达 105 个，可见养蚕和丝织在当时的社会中占有重要地位。后来，养蚕业历经各代不断得到发展，养蚕技术也不断提高。

中国古代桑养蚕

我国古代的蚕农通过长期的实践，总结出许多符合科学道理的养蚕方法和经验。如2000多年前的《礼记·祭仪》中有“奉（蚕）种浴于川”的记载，这是用清水浴洗卵面，进行消毒，以防止蚕蚁咬破卵壳时感染疾病的简单有效的方法。以后更发展到用朱砂溶液、盐水，石灰水以及其他具有消毒效果的药物来消毒卵面。至少在1400多年前，蚕农们就注意到蚕种的选择工作了，《齐民要术》一书中便有选取蚕种的记载。宋代以后，人们已经进一步从各个角度，如茧的质量、成茧的时间和位置、蛾出茧的时间、蛾的健康状态以及卵的健康状态等，来选取种蚕、种蛾和种卵。到清代，人们更注意到了选蚕，并深知“蚕无病，种方无病”的道理。通过层层的严格选种，提高了第二代蚕的体质，增强了它们对疾病的抵抗力。

宋元时期，北方多养一化性的三眠蚕（蚕在1年内发生1代的叫一化性蚕，2代的叫二化性蚕。蚕在幼虫期蜕皮3次的叫三眠蚕，4次的叫四眠蚕）。南方则已经主要饲养一化性或二化性的四眠蚕了。三眠蚕抗病能力比四眠蚕强，容易饲养，但四眠蚕的茧丝比三眠蚕优良。四眠蚕的饲育成功和推广，是养蚕技术的一大进步。明代，我国蚕农发现了家蚕的杂种优势，《天工开物》说：“今寒家有将早雄配晚雌者，幻出嘉种。”就是将一化性的雄蚕和二化性的雌蚕杂交，产生了优良蚕种。这是世界上关于家蚕杂种优势利用的最早记载。为了发展蚕丝生产，我国古代除了饲养春蚕外，还饲养夏蚕、秋蚕，甚至1年里养多批蚕。凡此种种，都是我国古代养蚕技术的重大成就。

以上谈的都是以桑叶为饲料的家蚕。我国还是世界上最早饲养柞蚕的国家。柞蚕俗称山蚕或野蚕，以吃柞树叶为主。我国山东半岛是放养柞蚕的发源地。早在汉元帝永光四年（公元前40年），山东蓬莱、掖县一带的人民，就已经采收野生的柞蚕茧制成丝棉。后来，人们又逐渐掌握了利用柞蚕丝缫丝织绸的技术。明代，用柞蚕丝织绸制衣已经风行全国。

今天，世界上所有养蚕的国家，其最初的蚕种和养蚕方法，都是直接或间接地从中国传去的。我国的蚕种和养蚕方法，远在公元前11世纪就传到了朝鲜。公元7世纪，养蚕法传到阿拉伯和埃及，10世纪传到西班牙，11世纪传到意大利，15世纪传到法国，至此，养蚕的方法才逐渐被欧洲大部分地区的居民所掌握。

最早的茶文化

我国是世界上最早栽培茶树和加工茶叶的国家。《神农本草经》说，神农尝百草，遇毒，“得茶而解之”。表明我国在原始社会就已经发现和利用茶了。

茶最初被当作一种药材。西汉时期，茶从药用开始过渡成为一种饮料。茶叶的应用，最初是把野生鲜叶泡来喝。后来逐渐开始种植茶树，到唐代时，茶树的栽培已遍及南方。唐代的《茶经》和《四时纂要》就对茶树栽培有详细的记载。我国古人对茶树栽培有非常科学的认识，茶树是适宜短日照而且耐阴的植物，所以古代选择茶园的标准是“宜山中带坡坂”有树荫或背阴的地方，或者是“植木以资茶荫”，这样既有利于排水，又能提高茶树成活率和茶叶的品质。如果平地种茶，就要开沟泄水，以防茶树根受水浸泡而死。

古代人民对茶叶的加工方法不断加以改进。较早的是三国时期的饼茶，见于《广雅》“荆巴间采叶作饼”；唐代发明了蒸青制法，把采回来的鲜叶，用蒸气杀青，然后捣碎、制饼、穿孔、穿成串烘干，从而消除以前茶饼的青臭气味，也便于贮藏和运输；宋代则是把鲜叶先洗涤后蒸青，蒸后压榨去汁，再制饼。从宋代到元代，为了简化制茶过程，保持茶叶真味，又逐渐由蒸青饼茶和团茶改为蒸青散茶。茶叶蒸青后不揉不拍，直接烘干制成，全叶茶从此问世，古老的饼茶制法基本终结。用茶叶代替茶团、茶饼，饮用起来方便多了。元末明初人们又发明了制法简单、省工省时的炒青绿茶，茶叶的色、香、味、形得到了很大改进，而且一直沿用到今天。明代以来，又相继发明了花茶和红茶的制法。

从这些加工工艺上可以看出，今天的绿茶、红茶、花茶等几种主要茶类，在明代就都有了。而经过我国古代人民的长期努力，茶树的成活率和茶叶质量不断提高，茶叶的品种也不断增多。早在唐代，就有名茶 10 多种，宋代则多达数十种。

我国是世界上最早研究茶文化的国家，唐代陆羽所著的《茶经》，是我国和世界上第一部关于茶的专著。书中对饮茶的历史，茶的起源、性质、产地，采茶的器具，制茶的过程，饮茶的方法等等，都作了比较全面系统的论述。

茶是我国传统的出口商品之一。公元 5 世纪，茶叶开始输入亚洲一些国家，17 世纪运往欧美各国。我国还向许多国家提供过茶树、茶籽以及种植茶树的技术。现在世界上各产茶国家，都直接或间接从我国引进过茶树、茶籽以及种茶技术。

含油量最多的油菜

油菜是第二大油料作物，菜籽油是继大豆油、棕榈油之后国际市场流通的第三大食用油。我国是世界上主要的油菜生产大国，油菜种植面积和总产量均居世界首位。

然而，国际油菜籽的含油量大约为 42%，我国油菜籽的平均含油量仅为 35%。提高含油量一直是油菜育种研究中最难攻克的技术难点之一，也是当前国际上植物基因工程研究的一个热点。浙江省农业科学院原子能所的研究小组经过多年研究，运用基因工程新技术，成功地大幅度提高了油菜籽的含油量，并培育出了世界上含油量最高的油菜品种——“超油1号”和“超油2号”两个油菜新品系。这两个品系的含油量均比受体品种提高25%以上，提高幅度是国内外同类研究中最高的。其中“超油2号”的含油量高达52.82%，是目前世界上含油量最高的甘蓝型油菜。

为了培育出了含油量较高的油菜，我国科学家首创了一种油菜含油量调控技术。这种技术采用反义PEP基因技术途径，有效地调控了光合产物的分配，提高了种子的含油量。该项具有原创性的新技术大幅度地提高了油菜的含油量，可广泛应用于油菜高油的育种。两个高油品种分别作为优质食用和特种工业用高油品种大规模推广，可以产生巨大的经济效益。包括中科院院士沈允钢在内的专家组鉴定后一致认为：该项研究目前已达到国内外同类研究的领先水平。

该项研究的核心技术如今已初审通过了国家发明专利，并已获得了美国、加拿大、德国、澳大利亚等多国专利。

最早应用蔬菜无土栽培技术

顾名思义，无土栽培就是不用土壤而直接用营养液来栽培植物的一种技术，一般包括水培、雾（气）培、基质栽培。为了增加空气含量，大多数采用石英砂、泥炭、蛭石、珍珠岩、岩棉、锯木屑等代替土壤作为固定植物的介质。

相比常规栽培，无土栽培有很多优势，例如，可扩大种植范围，在一些缺乏耕地的地区也可实现种植；有效地控制植物在生长发育过程中对温度、水分、光照、养分和空气的最佳要求，加速花卉生长，提高花卉质量，节省肥水，节省劳动力和费用。但它也有缺点，如需要一次性大量投资购买相关设备，还需要具备较高科学知识水平的营养液配制人员和管理人员，再者如果营养源受到污染，很容易发生蔓延，后果严重。

美国是最早在蔬菜生产上应用无土栽培技术的国家。栽培的蔬菜种类主要有番茄、黄瓜和叶莴苣等等。

军事科技篇

每当有新的科学技术出现，大多都会首先用于军事领域，甚至有很多技术的发明是由于军事需要，如吉普车。在战场上，科技的力量体现得无比完美，谁掌握了好的高新的技术，谁就拥有了战争的主动权和制胜权。所谓军事科技是指直接运用于军事领域的科学技术，亦称国防科技、军事技术。

军事科技是国家建设武装力量、巩固国防、进行战争和遏制战争的重要物质基础，是构成军队战斗力的重要因素。它主要包括：各种武器装备及其研制、生产所涉及的技术基础理论与基础技术；发挥武器装备效能的运用技术以及军事通讯、指挥工程和军事防御系统工程等。其中武器装备是军事科技的主体，是军事科技发展水平的集中体现。

军事科技是构成军队战斗力，决定战争胜负的重要因素，也是衡量国家军事实力的重要标志之一。军事科技的发展，受军事思想和战略、战术的指导，同时也对军事思想、战略、战术乃至军队建设产生重大影响。军事需要是推动军事科技发展的动力。

本章主要着眼于军事科技上武器装备发展过程中最早出现的一部分改写军事史的武器，旨在让你了解军事科技的发展进程。尽管有的武器可能很快就被改良或者被其他武器代替，但是每一种新武器的出现，都表示着军事科技的进步！

最早的弓箭

世界上最早的弓箭是中国祖先的杰作，大约产生于2.8万年前。

据考古学家在山西省桑乾河的支流峙峪河与小泉河汇合的一块面积为1000平方米小丘的地层中考古发现，有一种加工精致的小石镞，它们是用坚硬而容易劈裂出刃口的薄燧石石片制成的，镞的一端具有锋利的尖头，与尖端相对的底端两侧经过加工，左右两侧有点凹进去，成为一个形似镞揑的小把，显然是用来安装箭杆的。这些小石镞明显符合箭头的三要素：锋利、尖头适度、器形周正，由此可以断定它是箭头，也可以推知2.8万年前的峙峪人已经制造使用石制的弓箭了。

由于原始社会的弓和箭杆是用易于腐烂的竹、木制作的，难以保存下来，所以这些小石镞便是中国和世界上已知的最早的弓箭实物。弓箭出现之前，人类使用的工具比较简单，弓箭的出现说明了人类已开始使用复合工具。随着阶级的产生，弓箭也成了一种重要的作战武器。弓箭是原始社会技术显著进步的一个重要标志。它射程远、命中率高、携带方便，大大加强了人类向自然界作斗争的能力。

弓箭发明之后，人类既可以从较远的距离猎获陆地野兽，又能上射空中飞鸟，下取水中游鱼。在火器发明之前，弓箭一直是人类得力的狩猎工具和作战武器，正如恩格斯在《家庭、私有制和国家的起源》中所说："弓箭对于蒙昧时代，正如铁器对于野蛮时代和火器对于文明时代一样，乃是决定性的武器。"

在国外，弓箭出现在大约在1万~1.5万年间的中石器时期，即旧石器时代向新石器时代的过渡阶段。西班牙中石器时代的壁画中就出现有原始人手持弓矢相互对射的场面。而中国祖先弓箭的发明大约比外国要早1万年左右。

最早的地雷

地雷是现代战争中最常用的一种武器。尤其在第二次世界大战中，地雷的作用非同小可，许多著名战役的胜利都和地雷分不开。现在的地雷有许多种，不但能够伤害敌人的步兵，还能够炸掉坦克、大炮、汽车等。现在的地雷不仅管地，而且还管到了天上，如“防空地雷”等，可以说是“天雷”了。这些战场“神兵”，最早发明和使用它的国家是中国。

据史料记载，公元1130年，宋军曾经使用“火药炮”（即铁壳地雷）给攻打陕州的金军以重大创伤。比较准确的历史记载和“地雷”一词的出现，是在明代。《兵略纂闻》上说：“曾铣作地雷，穴地丈余，柜药于中，以石满覆，更覆以沙，令于地平，伏火于下，系发机于地面，过者贼机，则火坠落发石飞坠杀，敌惊为神。”

明代宋应星著的《天工开物）一书中，也介绍了地雷，并且还绘制了地雷的构造图样，以及制作方法和地雷爆炸时的形状。

从以上几个方面的记载来看，地雷出现在战场上，最早可以追溯到宋元，最迟不晚于明代中叶。到明末时期，就已经有了“地雷炸营”、“炸炮”、“无敌地雷炮”等多种地雷武器。在使用方法上也发明了踏式和拉火式两种。可见，当时地雷已经在战争中普遍使用起来了。

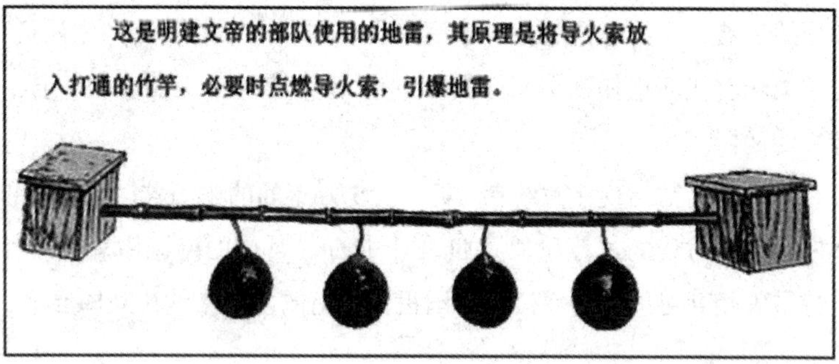

明朝的地雷

最早的手枪

手枪是一种单手握持瞄准射击或本能射击的短枪管武器，使用专用的手枪弹药。通常为指挥员和特种兵随身携带，多用于近战和自卫，一般有效杀伤距离约 50 米。

柯尔特和他的左轮手枪

世界第一支手枪是意大利制造的短枪“希欧皮”，长度仅约 17 厘米。“希欧皮”这一名词源于拉丁文 scioppi，原意是手枪。据意大利格鲁几尼年代记中，佩鲁贾城在 14 世纪中叶订制了 500 支“希欧皮”。另据意大利摩德纳年代记中，摩德纳城 1364 年拥有的财产中有 4 支小型的“希欧皮”。由此可见，第一支手枪出现的年代在 1364 年前。

最早的左轮手枪

左轮手枪是一种击发式后装弹多枪管旋转手枪，是转轮手枪的一种。因为转轮手枪是手工装填弹药，子弹打空之后就得退壳或重新装填。常用一种是转轮摆出式，将转轮推出框架，把转轮甩向左侧叫左轮手枪，甩向右侧的叫右轮手枪。世界上最早的左轮手枪是 1835 年美国的发明家和火器制造厂商塞缪尔·柯尔特研制的。

柯尔特 1835 年发明的转轮手枪为火帽击发式，弹仓作为一个带有弹巢的转轮，能绕轴旋转，射击时，每个弹巢依次与枪管相吻合，转轮上可装 5 发子弹，枪管口径为 9 毫米，使用口径 10.16 毫米的纸弹壳锥形弹头。它采用当时最先进的撞击式枪机，击发火帽和线膛枪管，尺寸小，重量轻，结构紧凑，功能完善，与现代转轮手枪相差无几。因此，不少史书将柯尔特称为“左轮手枪之父”。

最早的无壳弹步枪

自步枪出现以来，就得到了广泛使用。但是步枪的子弹都有金属弹壳，火药装在弹壳里，每发射一发子弹，退壳机把空弹壳抛出后，才能进行第二次击发。于是有人提出过无壳弹的设想，并进行了一些实践，例如，美国人在南北战争期间使用过用锡箔作外壳的子弹，发射后锡箔被炸成粉尘吹出枪口。

早期的无壳弹由于许多技术问题无法解决，很快被有壳弹取代。但无壳弹及枪的研制工作并没有停止。20 世纪 60 年代，美国、奥地利和当时的西德等国重新开始秘密研制无壳弹的武器系统，制出样弹和样枪，进行过一些试验。到目前为止，技术比较成熟并且已装备部队的，只有德国的 G11 无壳弹步枪和无壳弹。

这种无壳弹，不用金属做子弹的弹壳，而将一种新型高燃点发射药掺进少量可燃加强材料和粘合剂制成药柱，把弹丸和底火嵌在药柱中，弹头射出时，发射药即燃烧殆尽的枪弹，当然，发射这种弹的步枪也完全不同于普通步枪。

G11 无壳弹步枪，枪身采用了密封机匣，机匣枪托合一结构，大容量弹匣，高速点射控制结构等新的技术措施。其战术技术性能主要是：口径为 4.7 毫米，全长 750 毫米，枪管长 540 毫米，空枪重 4.2 千克，初速 930 米/秒，300 秒落速 670 米/秒，600 米落速 455 米/秒，300 米最大弹道高 0.17 米、600 米最大弹道高 1.02 米；射击方式分为单发、3 发点射和连续发射；弹匣容量 50 发；有效射程大于 300 米。无壳弹的战术技术性能是：口径 4.7 毫米，发射药长 21 毫米，全弹重 5.0 克，弹头重 3.4 克，发射药重 1.6 克。

无壳弹武器系统研制成功，无疑是轻武器发展史上的一次革命。它不仅可以节约金属，而且可以大大减轻子弹的重量，从而减轻士兵的负荷。

最早的炮

中国是世界上最早发明火炮的国家。在中国古代，军队作战就使用了名叫“礮”（为炮的异体字）的抛石机，以抛射石头来击伤敌人。据资料介绍，这种抛石机能将十余斤重的石头发射至150多米远，可见，当时抛石机的技术已到了比较先进的程度。《范蠡兵法》中就有“飞石12斤，为机发射200步”的记载。为此，抛石机在作战中曾广泛使用，故有“身当矢，再对贼锋”之说（《晋书·卞壶传》）。

古代抛石机

公元7世纪，中国发明了火药之后，又开始发明用机抛射火药。公元10世纪，唐哀帝时，郑璠攻打豫章（今江西南昌市），曾“发机飞火烧龙沙门”。这种发机飞火就是当时的“火炮”。到了13世纪，我国制造出了金属身管发射铁弹丸的管形火铳。后来火铳向两个方向发展，小的发展成枪，大的发展为炮。《明史》中记载说“大者发用车，次及小者用架，用桩，用托”，这两类火铳就是现代火炮和步枪的雏形。

现存于历史博物馆的一尊铜火铳是元代至顺三年（1332年）制成的。炮重6.94千克，长35.3厘米，口径105毫米。炮身上铸有“至顺三年二月十四日，绥边讨寇军，第三百号马山等铭文”。铳的后部有两个方孔，可装耳轴。这种火铳发射时，从点火孔装入引线，从铳口装入火药和弹丸，用火点燃引线引着火药，把弹丸射出，以杀伤敌人。这尊火铳，就是世界上第一门真正的火炮。

最早的高射炮

第一次世界大战时，飞机在战场上得到了应用，严重威胁了作战部队上空安全，因而人们就产生了用一种炮来击落飞机的想法。

一战时，英国使用的高射炮

法国人首先将他们有名的75毫米野战炮装在军车后面，以随时准备击落敌方的飞机。75毫米野战炮，口径为75毫米，最大射程6858米，战斗全重1205千克，发射速度快速20发/分、慢速6发/分。该炮于1897年由法国制造，共制造了17000门。1915年，法国曾供给了一部分给英国使用，后来因为法国本身的数量不够，只能供给英国炮管和制动装置。欧得兰斯工厂很快地发展出了供75毫米高射炮用的炮座，即把它安装在戴恩车的尾部，起重机是在炮发射时用来稳定的装置。经过改进，此炮的旋转度为左右120度，射角可达到0~70度，炮膛装置是由离心螺旋式配合撞击机械所构成，制动系统是属于诺登费尔特气压式制动系统。英军一直使用这种高射炮到1920年。

最早的坦克

世界上最早的坦克，是由英国于1915年8月研制成功的“小游民”。

在第一次世界大战开始的时候，机枪一类的速射兵器已大量使用，战场上堑壕纵横，碉堡林立，使得阵地防御战术日臻完善，交战双方往往长时期的处于对峙状态，哪一方也难以突破对方的防线，谁要主动进攻，谁就会遭到惨重的损失。面对这种僵持局面，当时各国军事家们都迫切要求制造一种既能进攻、又能防守、还能运动的新式武器，用来突破对方的防御阵地。

“小游民”坦克

1915 年 2 月，英国皇家海军部长温斯顿·丘吉尔在海军部里秘密地建立了“陆地战舰委员会”组织，企图制造一种新的陆地武器，能像海上巡洋舰那样具有强大的火力、坚固的装甲防护力和良好的机动力。陆地战舰委员会由战舰专家斯文顿上校和机械化的积极倡导者克劳姆普顿上校负责设计方案，由威廉·福斯特有限公司负责生产。8 日试制出世界上第一辆坦克“小游民”，由于坦克外形象大箱子，设计师又给它起了一个富有海军味道的名字——“水柜”，英语为 tank。1915 年 9 月 6 日在林肯附近进行了第一次试车获得了成功。该车是坦克的“鼻祖”，现仍在多塞特郡博文登的皇家装甲兵博物馆展出。

该车的战术技术性能主要是：乘员 2 人，另有射手 2 ~ 4 人；装有 1 门能发射重 900 克炮弹的机关炮；1 挺“马克辛”7. 7 毫米机枪和数目不等的“刘易斯”7. 7 毫米机枪（第一辆炮塔是虚设的，武器全在车内），装甲厚度 6 毫米；车长 5. 45 米，车宽 2. 8 米，车高 3. 05 米，车重 18289 千克；发动机为“戴姆勒”6 缸直列水冷汽油机，1000 转/分时为 105 马力；公路行驶速度 3. 2 千米/时，越野行驶速度 1 千米/时，通过垂直墙高 0. 3 米，越壕宽 1. 2 米；爬坡度 17 度。

1916 年 9 月，坦克第一次投入战斗之后，显示了强大的威力，引起了世界各国军界的极大关注，随后，各国纷纷投入坦克的研制之中。

最早的军用雷达

第一次世界大战中出现军用飞机后，英国首先开始着力研制一种能够远距离发现飞机的仪器。因为像英国这样国土面积小、无回旋余地的国家往往来不及下达防空命令，来袭飞机的炸弹就已经落到了头上。他们寄希望于发明能远距离发现飞机的仪器，从而改变在战争中的处境。

1919 年，英国人沃森·瓦特发明根据“电磁波遇障碍反射”的原理，发明了世界上第一个雷达装置，这种装置能够发射电磁波，又能够对反射波进行接收，从而实现探测远距离目标的目的。1935 年沃森·瓦特又研制成使用 1.5 厘米波的新式飞机探测雷达装置 GH 系统。1938 年，GH 系统正式投入使用，部署在英国的泰晤士河口附近，对飞机的探测距离达 250 千米。到 1941 年，英国沿海岸线部署了完整的雷达警戒网。这是世界上最早的用于军事的雷达。

瓦特发明的 GH 系统探测雷达

第二次世界大战中，美、苏、日、德等国也都先后研制出雷达并投入战争使用，雷达从此成为军事上不可或缺的远距离探测装备。后来，海面搜索和舰载雷达也先后诞生在英国和美国。战后，雷达获得了更加广泛的应用，飞机、舰艇、坦克、火炮和导弹等形形色色的专用雷达相继问世，并且具备了侦察、干扰、引导等多种技术性能，探测距离达到了 10000 千米以上。

最早的战斗机

战斗机又称歼击机，因其良好的机动性能、速度快、空中战斗火力强在战争中受到青睐。其主要的任务是与敌方战斗机进行空战，从而有效控制领空；其次是对敌方轰炸机、攻击机和巡航导弹进行拦截，保卫己方地面或水面的安全。

最初的飞机上没有装备专门的武器，即使装备了机枪，也因为机头部位有螺旋桨而无法进行有效的正面射击。法国人莫拉纳·索尔尼爱和罗兰·加洛斯发明了一种叫做偏转片的装置，可使机枪朝前方射出的子弹在碰到螺旋桨叶时被偏转过去。他们把偏转片安装在一架“莫拉纳·索尔尼爱 L”型单翼机上，又沿纵轴加装固定式机枪，就这样，世界上最早专用于空战的歼击机诞生了。在歼击机诞生的十几天之内，加洛斯就击落敌机 2 架，迫降 2 架，得到了法国媒体的一片喝彩，一家报纸更将“ACE”（王牌）的头衔送给他，从此人们就将英雄飞行员叫做“王牌飞行员”，而加洛斯也成了第一个“王牌飞行员”。

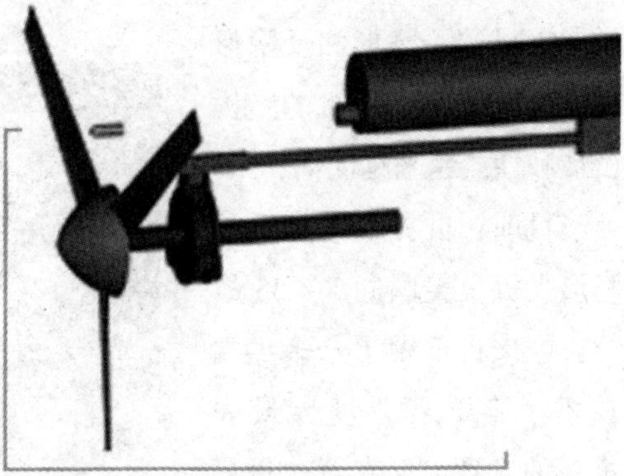

偏转片示意图

加洛斯驾驶这样的飞机打落了多架德国飞机，后来因飞机故障迫降被俘。德军很快知道了偏转片的秘密，并进行仿制和改进，研制出了“福克 E3”型战斗机，从此空战变得更加激烈和残酷。

最先进的隐形飞机

所谓隐形飞机，并不是让我们的肉眼都看不到飞机，而是指减少反射面使得雷达无法侦察到飞机的存在。现在的隐形飞机是从最早的美国20世纪60年代的研制的TR－1型飞机，发展到20世纪90年代的F－117“夜鹰”隐形战斗机、F－22型先进战术战斗机和A－12“复仇者”海军舰载隐形攻击机等，隐形和反隐形的不断较量将使飞机的结构设计和性能越来越优化。

美国F－35战斗机

目前，世界上最先进的隐形飞机是美国的F－35战斗机，该机汇聚了众多尖端技术，笼罩着“世界最先进”的光环，又有着“世界战斗机”的美称。

F－35战斗机的隐身设计借鉴了F－22的技术与经验，其雷达反射面积（RCS）的分析和计算，采用整机计算机模拟（综合了进气道、吸波材料和结构等的影响），比F－117A的分段模拟后合成更先进、全面和精确，同时可以保证机体表面采用连续曲面设计。F－35A的正面最小RCS约为1平方米，比苏－27、F－15低。由于F－35武器采用内挂方式，不会引起RCS增大，隐身优势将更明显。

在红外隐身方面，从一些资料可推断出该机在推力损失仅有2%～3%的情况下，将尾喷管3～5微米中波波段的红外辐射强度减弱了80%～90%，同时使红外辐射波瓣的宽度变窄，减小了红外制导空空导弹的可攻击区。

F－35的隐身设计，不仅减小了被发现的距离，还使全机雷达散射及红外辐射中心发生改变，导致来袭导弹的脱靶率增大。这样飞机的主动干扰机、光纤拖曳式雷达诱饵、先进的红外诱饵弹等对抗设备也更容易奏效。

最早的核动力巡洋舰

世界上最早的核动力巡洋舰是美国“长滩”号。该舰建造于20世纪60年代。1961年服役，是世界上第一艘核动力水面舰艇，也是第一艘以导弹为主要武器的巡洋舰。满载排水量17525吨，装有C1W压水堆2座，汽轮机2台，双轴，8万马力，航速30节。武器装备为：四联“捕鲸叉”反舰导弹发射架2座，双联小猎犬或标准一中程对空导弹发射架2座，单管127毫米炮2座，8联阿斯洛克导弹发射装置1座，3联反潜鱼雷管2座。尾甲板可起降直升机。

美国海军建造的第一艘核动力水面舰只“长滩”号核动力巡洋舰

最早的鱼雷

人们在近代海战中很早就致力于研制能在水中爆炸从而攻击敌人的武器。水雷在美国内战期间得到了大力发展，之后，人们开始思考如何让水雷移动起来主动攻击敌舰，于是真正意义上的鱼雷出现了。

1866年，在奥匈帝国工作的英国工程师怀特海德（1823～1905）发明了世界上第一枚能够自动航行的水雷。他经过2年多的试验，设计了一种压缩空气发动机和一个制导系统，水雷装上这些设备能够将8.2千克的甘油炸药带向攻击目标。

这种新型武器有着鱼的形状，又能在水中潜行，因而被人们称之为“鱼雷”。

航行时间最长的鱼雷

世界上航行时间最长的鱼雷是一枚名叫“日德兰”鱼雷。这枚鱼雷自1916年5月31日发射起，一直航行至1972年才销声匿迹，共连续航行了56年。

这枚鱼雷是第一次世界大战时期，在英国和德国海军的日德兰半岛海战中，由英国海军“鲁普斯”号超级无畏战舰右前舷第七号鱼雷发射管发射的，长5.5米，重655千克，以压缩空气为动力，人们习惯称之为“日德兰”鱼雷。该鱼雷未中目标，从此开始了其神秘之旅。

56年来，“日德兰”鱼雷横冲直撞，到处旅行。1928年7月12日，美国船员曾在百慕大三角碰见过它；1941年12月7日，有人见它游过巴拿马河进入了太平洋，当时的报纸还发布了新闻；50年代，又有人发现它在大西洋漫游；在巴西亚马逊河三角洲，一名瑞士医生还拍下了它的照片。各国海军和不少船员都曾目睹它的风采，甚至两艘美国军舰还曾围追堵截，最后还是让它乘夜晚溜之大吉。根据资料统计，“日德兰”鱼雷先后光临过北海、北大西洋、百慕大三角、美国东海岸、委内瑞拉海岸、巴拿马运河、太平洋、苏门答腊海峡、非洲东海岸、巴西的亚马逊河三角洲、美国和加拿大交界的尼亚加拉大瀑布、刚果河口、法国卢瓦尔河源头和非洲大湖，在半个世纪的航行时间中共出现过125次。

鱼雷是消耗性水中兵器，一经发射，要么与目标同归于尽，要么自沉于海底，“日德兰”鱼雷为什么能航行这么长时间呢？

专家认为，“日德兰”鱼雷经久不沉是由于雷体中段有一个占鱼雷总长1/3 ~1/2 的气舱，内储高压空气，由于雷头装药量很少，只有二三十千克，所以能接近零浮力，因此浮而不沉。并且鱼雷本身没有动力装置，只是借助洋流南下北上，东去西来。至于为何绝迹，可能是气舱进水后沉入海底，也可能是漂入南半球海域，人们较少涉足故而很难发现。

最早的驱逐舰

由于鱼雷艇出现，对水面舰船产生了很大威胁。为了对付这种艇小、战斗威力大的鱼雷艇，在 19 世纪 80 年代出现了鱼雷炮舰，它上面装备了射速高，口径小的舰炮，用来阻击和歼灭敌方鱼雷艇。这种鱼雷炮舰是现代驱逐舰的前身，既能对付鱼雷艇，又能攻击大型舰艇。

世界上最早的驱逐舰是 1893 年由英国建造的两艘“姊妹船”——“汉科克”号和“霍纳脱”号。它们的排水量只有 240 吨，却装有 3 座鱼雷发射管和 4 门火炮，速度达 27 海里/时，是当时世界上航速最高的一艘军舰。当时称为“鱼雷艇驱逐舰”，简称驱逐舰。

最早的航空母舰

航空母舰是一种可以提供军用飞机起飞和降落的军舰。刚开始出现的所谓航母，都是军舰或者大型商船改造而成的，从一出现就在多次战争中显示它是实现制海、制空的重要工具。甚至在某种情况下，它在制海、制空的同时也压制着陆地，即集海、陆、空作战能力三位一体。因此，各国都热衷研发自己的航母。

1917 年 4 月，英国皇家海军开始设计“竞技神”号航空母舰，并于1918 年 1 月动工建造。

1919 年 12 月，日本海军在海军支援舰的舰体基础上按照航空母舰的要求专门设计并建造“凤翔”号航空母舰。由于英国“竞技神”号航空母舰建造工程进度缓慢，1922 年底竣工的“凤翔”号一般被认为是第一艘完工服役的专门设计的航空母舰。“凤翔”号的外形尺寸与“竞技神”号航空母舰大体相仿，排水量为 7470 吨，载员 550 人，航速 25 节，舰载飞机 21 架。

凤翔号经过试航后发现飞行甲板较窄，为保证飞行安全，1924 年拆除了岛式舰桥，由于没有装备弹射器，因此之后的新型战机无法在凤翔号上起飞；在太平洋战争爆发前进行现代化改装，为搭载新式战机延长了飞行甲板。中途岛海战后又再度延长以及加宽飞行甲板，由於飞行甲板过度延长，导致第二次改装后的凤翔号航海性能不佳，只能在内海航行作为训练舰。但也因为如此在日本战败投降后此舰是唯一一艘没有受损的日本航空母舰，日本战败投降后该舰作为运输舰搭载海外日本侨民回国，于 1946 年 9 月被解体。

天文·航空篇

人类对天空有很强的好奇心，当上天还只是人类的一个梦想时，在地面上观测天空，是最直接了解天空秘密的方式，于是，天文学就产生了。而人类制造使用各种飞行器，在太空中的飞行的航空活动则是20世纪50年代的事了。

天文学是观察和研究天体的分布、运动、位置、状态、结构、组成、性质及起源和演化的一门基础自然科学。就本质上说天文学是一门观测科学，因而对观测方法和观测手段的研究，是天文学家努力研究的一个方向。

天文学上的一切发现和研究成果，都离不开天文观测工具及其后端接收设备的发展。在17世纪之前，人们尽管已制作了不少天文观测仪器，如中国的浑仪、简仪，但观测工作只能靠肉眼。1609年伽利略制成第一架天文望远镜，并作出许多重要发现，从此天文学跨入了用望远镜时代。20世纪后50年中，随着探测器和空间技术的发展以及研究工作的深入，天文观测从可见光、射电波段扩展到包括红外线、紫外线、X射线和γ射线在内的电磁波各个波段，形成了多波段天文学。尤其是随着航天技术的发展，放在太空的望远镜更帮助天文学家更好的观测宇宙。

在望远镜后端的接收设备方面，19世纪中叶，照相、分光和光度技术广泛应用于天文观测，对于探索天体的运动、结构、化学组成和物理状态起了极大的推动作用，可以说天体物理学正是在这些技术得以应用后才逐步发展成为天文学的主流学科。

最早的星表

星表是把测量出的若干恒星的坐标（常常还连同其它的特性）汇编而成的一种天文学重要工具。世界上最早的星表是在公元前4世纪的战国时代由我国古人编著的《石氏星经》中的石氏星表。

《石氏星经》是我国战国时代魏国天文学家石申（一名石申夫）的著作。南朝时代梁朝的阮孝绪的《七录》提到石申著《天文》8卷，这大概是石申著作的本名。由于具有很高的研究价值，大约在西汉以后这部《天文》8卷被尊称为《石氏星经》。

汉、魏以后，石氏学派也有其他著述问世，他们的书都冠有“石氏”字样，如：《石氏星经簿云》等。不过，其中最重要的是标有“石氏曰”的121颗恒星的坐标位置。经计算表明，其中一部分坐标值（如：石氏中、外星官的去极度和黄道内、外度等）可能是汉代所测。另一部分（如二十八宿距度等）则确与公元前4世纪，即石申的时代相合。

石 申

令人惋惜的是，《石氏星经》原著和石氏学派其他著作都已失传。只是后来的《史记·天官书》《汉书·天文志》等汉代史籍中引用了该书的只字片语，在唐代的《开元占经》中有大量节录。从这些摘录中可以看到《石氏星经》的内容涉及五星运动、交蚀和恒星等许多方面。后人从这些片断中辑录出一份石氏星表，其中有二十八宿距星（每一宿中取作定位置的标志星叫做这一宿的距星）和其他一些恒星共115颗（《石氏星经》

原文中有121颗，其中6颗在今本《开元占经》中缺佚了）的赤道坐标位置。

石氏星表是古代天体测量工作的基础，因为测量日月星辰的位置和运动，都要用到其中二十八宿距度（本宿距星和下宿距星之间的赤经差叫距度）的数据，这是我国天文历法中一项重要的基本数据。

古代希腊最早的星表，是希腊天文学家依巴谷在公元前2世纪测编的。在依巴谷之前还有两位希腊天文学家也测量过一些恒星的位置，不过那也是在公元前3世纪。他们的测量都比石申的要晚。

最早的自动天文仪器

世界上最早的自动天文仪是我国东汉时期科学家张衡创制的用于演示浑天说思想的天文仪器——水运浑象仪。

张衡（公元78～139年），字平子，南阳西鄂（今河南南阳北）人，精通天文、历法和数学，曾担任太史令，为朝廷观测、记录天象，并有许多发明创造。汉朝时，出现了三种关于天体运动和宇宙结构的学说："盖天说"、"浑天说"和"宣夜说"。其中，浑天说认为天地的形状象个鸟蛋，天象蛋壳，地象蛋黄，天和地的关系就象蛋壳包着蛋黄那样，故谓"浑天"。张衡即是浑天说的主要代表。为了形象地演示浑天说思想，元初四年（公元117年），张衡在前人工作的基础上，制造了水运浑象代。

水运浑象仪用精铜铸成，主体是一个球体模型，代表天球。球体可以绕天轴转动。天球的表面画有二十八宿和各种恒星，还有赤道圈、黄道圈及二十四节气等。天球外面有两个圆环，一个是地平圈，一个是子午圈。天轴支架在子午圈上，和地平斜交成36度，就是说北极高出地平36度，这是洛阳地区的北极仰角，也是洛阳地区的地理纬度。天球半露于地平圈之上，半隐于地平圈之下。这些设计与浑天说理论是完全一致的。张衡又利用当时已得到发展的机械方面的技术，巧妙地把计量时间用的漏壶与浑象仪联系起来，即以漏水为原动力，并利用漏壶的等时性，通过齿轮系的传动，使浑象仪每日均匀地绕轴旋转一周。这样，浑象仪就能自动地、近似正确地把天象演示出来，并使浑象仪上的天象出没与实际天象相吻合，几可达到逼真的程度。水运浑象仪是世界上有明确记载的第一台用水力发动的天文仪器。通过它的演示，形象地表达了浑天说思想，从而使浑天说宇宙论得以传播和推广，并得到了社会的广泛承认。

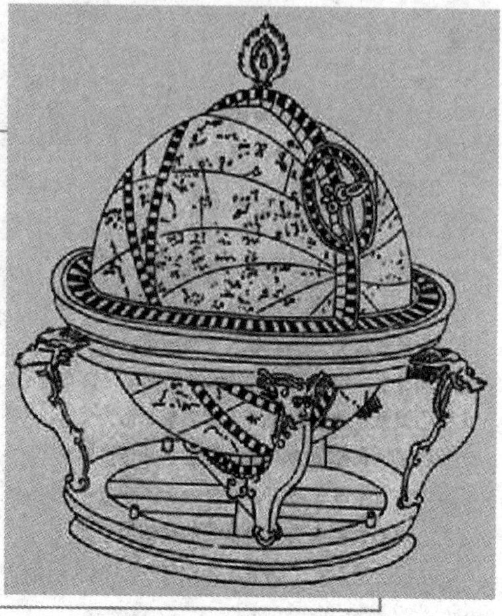

张衡制造的水运浑象仪

张衡制造的用水力发动的自动天文仪器——水运浑象，是唐宋时代得到进一步改进的水运浑象的前身，在天文仪器史上占有重要地位。

最早发现恒星运动的现象

我国唐代天文学家僧一行，以擅长天文、历法而出名，他是世界上最早发现恒星运动现象的人。

开元年间（公元 713 ~ 741 年），唐玄宗请僧一行主持修订新历法。为了观测日、月、星辰在轨道上的位置和运行情况以修订新历，僧一行和天文仪器制造家梁令瓒一起制成了浑天铜仪和黄道游仪。他利用这些天文仪器，重新测定了 150 多颗恒星的位置，并多次测量了二十八宿距天球北极的度数，发现了恒星移动的现象。他把测量的数据同汉代的数据加以比较，结果发现不仅赤道上的位置和距极度数因岁差关系而产生差异，而且黄道上的位置也有不同。僧一行由此推断：恒星本身在天体的位置是在不断移动的。这就从而打破了古人认为恒星位置永远不变的说法。对此，清代天文学家齐公南评论说："自古皆谓恒星髓天不移，西法始谓恒星亦自移动，其说甚确。张遂（一行的本名）以铜仪测验，即知古今不符，已开西法之先。"

僧一行，唐代天文学家

直到公元 1718 年，英国天文学家哈雷才测量出恒星的黄道度与古希腊时代不同，因而提出了恒星自行的观点。他这个发现，已比僧一行晚了约 1000 年。

最早的天文钟

天文钟是一种能用多种形式来表达天体时空运行的仪器，它把动力机械和许多传动机械组合在一个整体里，利用几组齿轮系把机轮的运动变慢，使它经常保持一个恒定的速度，和天体运动一致。世界上最早的天文钟是我国北宋时期，在苏颂的领导下创制的水运仪象台。

苏颂（公元 1020～1101 年），字子容，泉州南安（今福建泉州西北）人，历任重要官职，是杰出的科学家和科技工作的组织者。元祐三年（公元 1088 年），在他的倡议和领导下，创制了一座天文计时仪器——水运仪象台。

根据苏颂为水运仪象台所作的设计说明书《新仪象法要》的记载，水运仪象台是一座底为正方形、下宽上窄略有收分的木结构建筑，高大约有 12 米，底宽大约有 7 米，共分为三大层。

上层是一个露天的平台，设有浑仪一座，用龙柱支持，下面有水槽以定水平。浑仪上面覆盖有遮蔽日晒雨淋的木板屋顶，为了便于观测，屋顶可以随意开闭，构思比较巧妙。露台到仪象台的台基有 7 米多高。中层是一间没有窗户的“密室”，里面放置浑象。天球的一半隐没在“地平”之下，另一半露在“地平”的上面，靠机轮带动旋转，一昼夜转动一圈，真实地再现了星辰的起落等天象的变化。下层包括报时装置和全台的动力机构等。设有向南打开的大门，门里装置有五层木阁，木阁后面是机械传动系统。

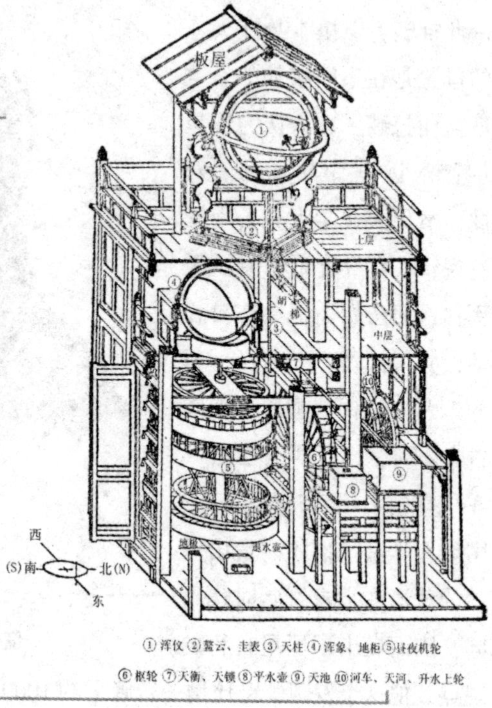

水运仪象台复原透视图

水运仪象台有一组“铜壶滴漏”式的动力装置：在一个木架上设两个水槽，高的是天池，低的是平水壶。平水壶中的水流入全台机械结构的原动轮——枢轮的水斗，枢轮是由 36 个水斗和钩状铁拨子组成的由水力推动的机轮。枢轮运转的速度由一组叫“天衡”系统的杠杆装置控制。天衡系统对枢轮的这种擒纵控制，与现代钟表的关键部位——锚状擒纵器（俗称卡子）作用十分相似。可以毫不夸张地说，水运仪象台的“天衡”系统是现代钟表的先驱。英国著名的科技史专家李约瑟博士研究了苏颂的水运仪象台后，在其所著的《中国科学技术史》中说，中国在 14 世纪欧洲发明钟表以前，“就已有了装有另一种擒纵器的水力传动机械时钟”。

枢轮通过几组齿轮使计时仪器和天文仪器分别按一定的速度转动，苏颂在《新仪象法要》中称之为“以水激（枢）轮，轮，转而仪象皆动”。台上层的浑仪是观测天体运行的仪器，它通过齿轮和枢轮轴相连而随天体运转，与现代望远镜有转仪钟控制而随天体转动一样。台中层的浑象是一个球体，球面布列天体的星宿位置。浑象和台下层的昼夜机轮轴相接，随机轴由东向西转动，和天体运动一致，使得球面星座位置和天象相合。而昼夜机轮则能够随天象推移使小木人出来敲钟、击鼓、示牌等，准确地报告时辰。

水运仪象台顶端设有九块活动的屋板，雨雪时闭合，防止雨雪对仪器的侵蚀，观测时可以自由拆开。这种活动屋板是现代天文台可以开合的球形台顶的祖先。

苏颂领导创制的水运仪象台，实际上是一座设计非常巧妙，利用水轮为原动力带动仪器运转的自动化天文钟。在公元 11 世纪就能制造出如此复杂的天文钟，充分显示了我国古代科学技术的先进水平。

最早的天体测量仪器

世界上最早的天体方位测定仪器是我国战国时期发明的浑仪。它是以浑天说为理论基础制造的测量天体的仪器。浑仪发明的时间大约是在战国中期至秦汉时代，也就是公元前 4～前 1 世纪。在公元 17 世纪发明望远镜之前，浑仪是所有天文学家测定天体方位时都不可缺少的仪器。

我国最原始的浑仪是由 2 个环圈组成，一个是固定的赤道环，它的平面和赤道面平行，环面上刻有周天度数。一个是四游环，也叫赤经环，能够绕着极轴旋转。在四游环上附设有观测用的窥管。窥管可以绕着四游环的中心旋转。为了便于测量太阳的位置，东汉中期的傅安和贾逵在浑仪上安装了黄道环，张衡又加上地平环和子午环。

唐代初年，李淳风在前人的基础上制造了一架更完善、更精密的浑天黄道仪。整个仪器分为内、中、外3层。外面一层固定不动，叫六合仪，包括地平环、子午环和外赤道环。内层能够旋转的四游环连同窥管，叫做四游仪。中间一层叫三辰仪，是李淳风新加的，由3个相交的圆环——黄道环、白道环和内赤道环构成。黄道环用来表示太阳的位置，白道环用来表示月亮的位置，赤道环用来表示恒星的位置。我国古代将日、月、星称为“三辰”，因此新增设的这一层定名为三辰仪。三辰仪可以绕着极轴在六合仪里旋转，而观测用的四游仪又可以在三辰仪里旋转。此时我国的浑仪，在一个时期内是世界上最先进的天文仪器之一。

最早的浑仪

最早的天文望远镜

1609年10月，意大利科学家伽利略发明了一架能放大30倍的望远镜，这是世界上第一架天文望远镜。

伽利略望远镜的物镜是一个凸透镜，目镜是一个凹透镜，眼睛在目镜中可以看到正立的像，它的镜筒较短，适合于在地上使用。伽利略用自己发明的望远镜对月球上的高山深谷进行了观测，发现了银河中的无数星体以及其他天文现象，从而有力地证实了哥白尼“地球围绕太阳运动”的学说的正确。

1611年，伽利略又利用他的望远镜发现了太阳黑子。从黑子的位置变动中，证明了太阳的自转。伽利略的发现，震撼了整个欧洲。他的系统观察和实验成果，使他成为近代物理学和天文学的奠基人。

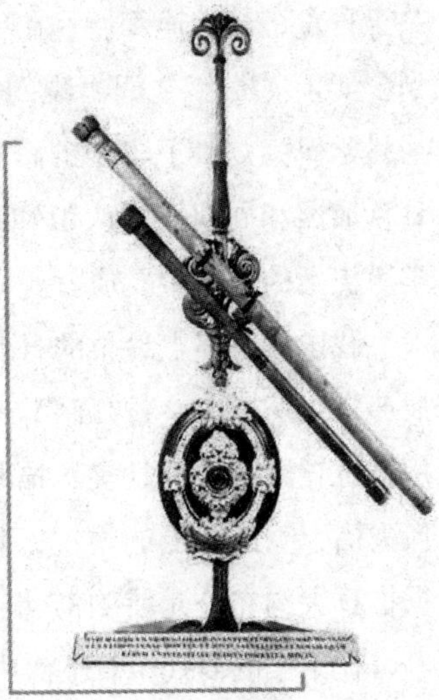

伽利略望远镜

最早的天象仪

天象仪是模拟星空表演的科普仪器，又称假天仪。它能够在一个半球型天幕上演示人在地球上不同经纬度看到的各类天体，例如日月星辰的升降运行，行星在恒星中穿行，地球自转轴的岁差运动等等。它可在较短的时间内演示出宇宙中主要恒星、行星、星团、星云的运动规律，太阳的东升西落，月亮的盈亏圆缺，直观逼真，生动有趣。

最早的天象仪是旋转式“高特普天球仪”。这架天象仪是丹麦的安德列亚斯·布希根据荷兰斯泰因的弗雷德里克君主三世的宫廷数学家奥利里尤斯的命令，在1654~1664年之间制作的。它的周长为10.54米，现存放于俄罗斯的圣彼保堡。

最早的日食记录

中国是世界上最早记录日食的国家。出土于河南安阳殷墟的甲骨文中详细地记载了公元前1217年5月26日发生日食的情况：当时人们正在田间劳作，突然发现光芒四射的太阳出现了一个缺口，光色逐渐暗淡下来。一段时间过后，有缺口的太阳又慢慢地开始变圆了。这便是人类历史上关于日食的最早的可靠记载。

从这以后，我国古代的科学家继续对日食进行了观察和记录，保持了关于日食记录的连续性。在《春秋》这本编年体著作中就记载了公元前 770 到公元前 476 年之间出现的 37 次日食。这些日食记录的连续性和科学性，给科学研究提供了丰富的资料，并且形成了一套独特的研究方法，通过对日食成因和周期性的认识和总结，能够准确地预报日食，这也是我国天文学历史上的一项重要成就。

我国和世界上最早的日食记录，见于《尚书·胤征》："乃季秋月朔，辰弗集于房，……瞽（瞎）奏鼓，啬夫驰，遮人走……。"这是当时发生在房宿位置上的一次日食，描写了当时还没有认识日食自然规律的人们，惊慌失措，鸣鼓奔走的情况。据考证，这次日食大概发生于夏代仲康时期，据推算大约在公元前 2137 年 10 月 22 日。

在出土的商代甲骨卜辞中，被认定的日食记载有 5 次，记录了发生在公元前 14 ~ 前 12 世纪之间的日食。到了汉代，就不仅是简单地记载日食发生的时间了，还对日食时的太阳位置，日食时的起讫时刻和全部见食时间，日食的食分（即日面被食部分占整个日面的比例）以及日食初亏所起的方位等，都进行了明确的记录。仅从春秋时代算起到清代乾隆年间，我国史书记录的日食就有近 1000 次，这是世界上最完整的日食记录。

国外最早的日食记录是发生在巴比伦的一次日全蚀，时间是公元前 763 年 6 月 15 日，比我国最早的日食记录要晚得多。

最早有关飞碟的记载

飞碟，英文缩写是"UFO"，指的是"不明飞行物体"。国外认为飞碟是美国人于 1914 年首先发现的。其实，早在公元 11 世纪，我国北宋科学家沈括就发现了飞碟，并在他的著作《梦溪笔谈》中《异事》第 369 条，对飞碟作了如下记述：

"嘉祐（即公元 1056 ~ 1063 年）中，扬州有一珠甚大，天晦多见，初出于天长县陂泽中，后转入甓社湖，又后乃在新开湖中，凡十余年，居民行人常常见之。余友人书斋在湖上，一夜忽见其珠甚近，初微开其房，光自吻中出，如横一金线，俄倾忽张壳，其大如半度，壳中自光如银，珠大如拳，灿然不可正视，十余里间林木皆有影，如初日所照。远处但见赤如野火。倏然远去，其行如飞，浮于波中，杳杳如日。”

这里，我们可以看到，这个奇异的空中飞行器——“珠”，在长达10多年的时间里，“居民行人常常见之”，可见确有其事，绝非虚构。“珠”的外壳由两半合成，能沿中张开，“光自吻中出”，“壳中自光如银”，“十余里间林木皆有影，如初日所照”，说明它的发光性能非常好。“倏然远去”，“其行如飞”，显示了它的推进装备和技术十分先进。沈括所说的这个来历不明的“珠”，无疑就是今天所说的“飞碟”。以上表明，中国发现飞碟早于美国900多年，并且在世界上最早对飞碟构情况作了记载。

关于太阳黑子的最早记录

世界上最早有关太阳黑子活动的记录出现在我国汉代班固所编修的《汉书》中，《汉书·五行志》记载，西汉“河平元年（公元前28年）……三月己未，日出黄，有黑气大如钱，居日中央。”详细叙述了黑子出现的时间和位置，这是现今世界上公认的最早的太阳黑子记录，确切地证实了我国早在公元前28年的汉朝就观测到了太阳黑子的活动。

事实上，我国还有比这更早的太阳黑子记录。约成书于公元前140年的《淮南子》中，就有日中有“踆乌”的记载。“踆乌”就是黑子的形象。《汉书·五行志》还记载：“汉元帝永光元年（公元前43年）四月，……日黑居仄，大如弹丸。”意思是说，在太阳边侧有大小如同弹丸成倾斜形状的黑子。

我国古代不但有着世界公认的最早的太阳黑子记录，而且多次详细地记录了太阳黑子的活动。据不完全统计，我国从汉代至明代的1600余年中，有关黑子的记录多达100余次。在这些记录里，人们对太阳黑子的形状、大小、位置甚至变化都有详细记载。所有这些记载都成为我们研究太阳黑子活动及其对地球影响的珍贵资料。

欧洲关于太阳黑子的最早记录是公元 807 年 8 月，但还被认为是水星凌日现象。直到意大利天文学家伽利略于 1609 年发明天文望远镜后，才确认了太阳黑子的存在。

最早的彗星记录

世界上公认中国是对彗星观测和记录最早的国家。我国古代对彗星的称呼有“星孛”、“蓬星”、“长星”等，而民间则将彗星叫作“扫帚星”。“彗”字在中国语言中有扫帚的含意，在古希腊人的语言中有“毛发”的含意。

我国很早就有关于彗星的记录。古书《竹书记年》有“周昭王十九年春，有星孛于紫微”的记载。不过其真实年代尚有待考证。最可靠的是《春秋》一书的记载：“鲁文公十四年（公元前 613 年）秋七月，有星孛入于北斗。”古书《淮南子·兵略训》中也记录了公元前 1057 年的一次彗星，它就是后来被命名为“哈雷”的彗星。哈雷彗星绕太阳运行平均周期是 76 年。从鲁文公十四年起到清代宣统二年（公元 1910 年）止，哈雷彗星出现过 31 次，每次出现，我国都有详细记录。此外，湖南长沙马王堆的一座汉朝的坟墓内，1973 年出土了一幅彗星图，图上画有 29 种彗星，形状和名字都离奇古怪。这些都说明我国对彗星活动的记录不仅开始得早，还进行了连续记录。

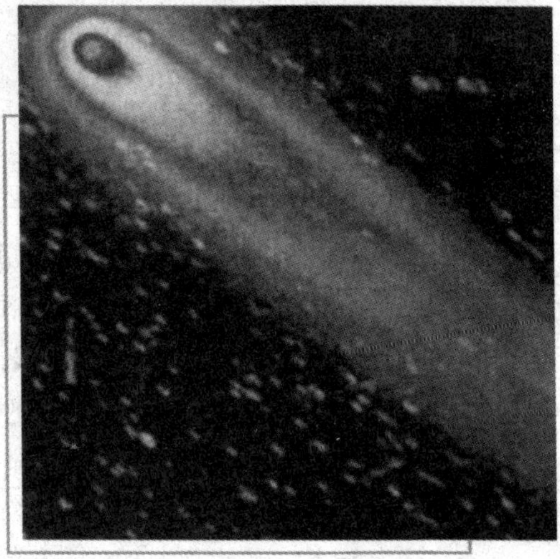
哈雷彗星

我国古代的彗星记录，并不仅限于哈雷彗星。据初步统计，从我国古代至清朝末年，对各种彗星的记载，不少于500次。西方关于哈雷彗星的记录，一般认为最早是在公元66年，但也可以上溯到公元前11年，即使这样，仍比我国《春秋》一书关于哈雷彗星的最早记录晚了几百年。

最早的流星雨记录

流星雨是一种成群的流星，看起来像是从夜空中的一点迸发出来，并坠落下来的特殊天象，这一点或一小块天区叫做流星雨的辐射点。为区别来自不同方向的流星雨，通常以流星雨辐射点所在天区的星座给流星雨命名。

流星雨的发现和记载，最早见于我国《竹书纪年》中“夏帝癸十五年，夜中星陨如雨”的记载，最详细的记录见于《左传》：“鲁庄公七年夏四月辛卯夜，恒星不见，夜中星陨如雨。”鲁庄公七年是公元前687年，所以这是世界上天琴座流星雨的最早记录。

流星雨出现的场面相当动人，我国古记录也很精彩。例如“大明五年……三月，月掩轩辕。……有流星数千万，或长或短，或大或小，并西行，至晓而止。”（《宋书·天文志》）这是有关公元461年天琴座流星雨的一次记录。当然，这里的所谓“数千万”并非确切的数字，而是数量很多的意思。再比如“开元二年五月乙卯晦，有星西北流，或如瓮，或如斗，贯北极，小者不可胜数，天星尽摇，至曙乃止。”（《新唐书·天文志》）这是唐玄宗开元二年，即公元714年的英仙座流星雨出现时的情景，记录都惟妙惟肖，栩栩如生地刻画了流星雨出现的场景。

我国古代关于流星雨的记录，大约有180次之多。其中天琴座流星雨记录大约10次，英仙座流星雨大约12次，狮子座流星雨记录有7次。这些记录，对于研究流星群轨道的演变，具有重要的参考价值。

最早的陨石记录

流星体在地球大气层中燃烧不完，坠落到地面上便成为陨石或陨铁(统称为陨星)。对这一事实，最早见于《春秋》中：鲁僖公十六年（公元前644年）“陨石于宋五”，这是世界上关于陨石的最早记录。对此，《左传》进一步明确指出是“陨星也”。《史记·天官书》则说得更加准确：“星坠至地，则石也。”

到了北宋，沈括更发现陨石中有以铁为主要成分的。在他的《梦溪笔谈》卷二十里就写着：“治平元年，常州日禺时，天有大声如雷，乃一大星，几如月，见于东南。少时而又震一声，移著西南。又一震而坠在宜兴县民许氏园中，远近皆见，火光赫然照天，……视地中只有一窍如杯大，极深。下视之，星在其中，荧荧然，良久渐暗，尚热不可近。又久之，发其窍，深三尺余，乃得一圆石，犹热，其大如拳，一头微锐，色如铁，重亦如之。”宋英宗治平元年是公元1064年，此时，沈括已经注意到陨石的成分了。

在欧洲，公元1768年曾发现过三块陨石，但却认为它们出自地面。直到1803年，欧洲人才认识到陨石是流星体坠落到地面的残留部分。

在我国现在保存的最古年代的陨铁是四川隆川陨铁，大约是在明代陨落的，清康熙五十五年（公元1716年）掘出，重58.5千克，保存于成都地质学院。

最大的运载火箭

火箭是帮助人类真正实现上天梦的直接工具。你可别说：上天啊，坐飞机不就行了么？要知道坐飞机并不能真正“上天”，毕竟目前飞得最高的飞机，也只能飞36000多米高，这个高度，只及地球半径的1%。如果在离开地球的远处看，这简直同贴着地皮“爬”差不了多少。因此，人类真正要“上天”，就得依靠火箭。

从某种意义上说来，能否制造出强大的火箭，是人类做空间探测和宇宙航行的关键点。千百年来，人类一直被地球的强大引力禁锢在“摇篮”里，要想摆脱这种羁绊又谈何容易！因为要把人造卫星、宇宙飞船送上天，所需的能量大得惊人。如果发射单级火箭，使用如汽油那样的一般燃料，则火箭重量的95%左右都得堆放燃料。

美国“土星5号”运载火箭

当今世界最大的火箭，是美国用来运载阿波罗登月飞船的“土星5号”。这是一种使用液体燃料的三级火箭，直径10米，总高110米，竖在地面上有上海国际饭店那么高。起飞时的总重量将近3000吨，相当于一列满载的火车。它上面的部件多达200多万个，11台强大发动机的总功率达到17560万马力（1马力=0. 735千瓦），相当于50万辆大卡车的总和。第一级上装的2000吨燃料只够5个发动机烧2. 5分钟，即1秒钟要用掉三四辆大卡车装的燃料，实在惊人！

“土星5号”运载火箭，在人类飞往宇宙空间的道路上立下了汗马功劳：它运送过世界瞩目的阿波罗飞船，实现了人类千百年来登上月球的梦想；它发射了最重的“天空实验室”；还发射了要飞越太阳系去寻找、拜访“宇宙人”的“先驱者10号”、“先驱者11号”以及“旅行者1号”、“旅行者2号”。

最早的人造卫星

1957 年 10 月 4 日，前苏联宣布成功地把世界上第一颗绕地球运行的人造卫星送入轨道。

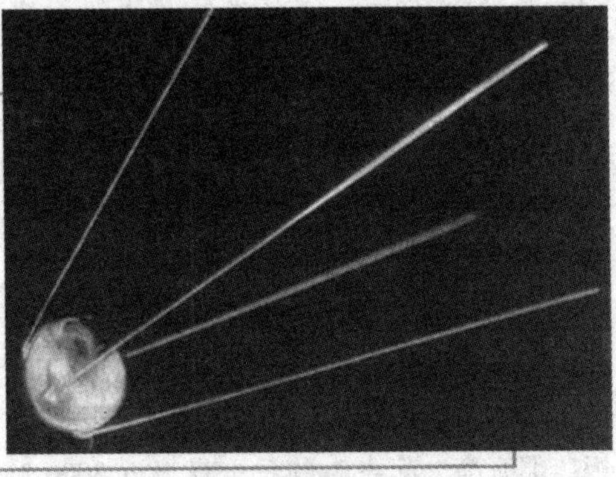

苏联发射第一颗人造卫星

这颗人造卫星是一颗铝合金做的圆锥体，直径 58 厘米，重 83.6 千克，拖有 4 根长“辫子”——无线电天线，内装两部不断发射无线电信号的无线电发报机，其频率分别为 20.005 兆赫和 40.002 兆赫（波长分别为 15 米和 7.5 米左右），用两个频道连续发送信号，信号采用电报讯号的形式，每个信号持续时间约 0.3 秒，间歇时间与此相同。

据计算，这个卫星在离地面 900 千米的高空运行，每转一整周的时间是 1 小时 35 分钟，它的运行轨道和赤道平面之间所形成的倾斜角是 65 度，每日可 2 次在莫斯科上空通过。前苏联对发射这颗卫星的火箭没做详细报道，不过曾提到它以 8 千米/秒的速度离开地面。他们说，这次发射开辟了星际航行的道路。

这颗人造卫星在空中飞行了 100 天，于 1958 年 1 月 14 日坠入大气层烧毁。而它上面的无线电设备仅工作了 24 个昼夜。

最遥远的人造天体

1986 年 10 月 17 日，美国弗罗里达肯尼迪空间中心发射的先驱者 10 号横越了冥王星的运行轨道。当时的距离为59亿千米。到1989年4月，它远离了冥王星的轨道，并以49000千米/时的速度继续它的空间旅行。到34593年，它将最接近距离我们24810.3光年的“罗斯星”。

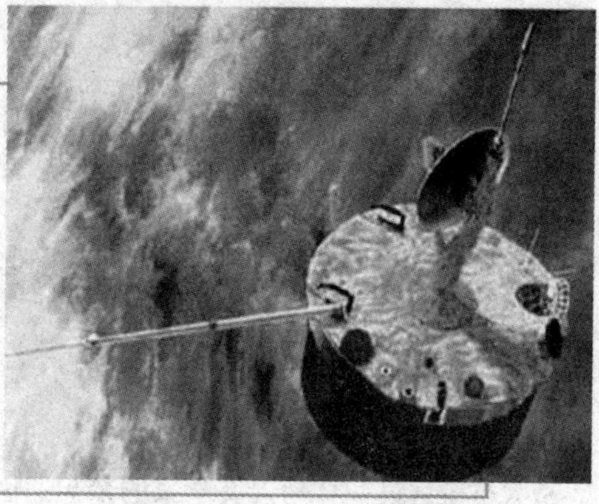
先驱者10号飞行器

先驱者身上携带着代表地球文明外貌、位置的金属板，金属板上画有一男一女，用图示标出这艘宇宙飞船所来自于的太阳系的位置，用数字标示出我们这个星系的太阳与脉冲星之间的关系。先驱者身上还有其他表示友好的图片、声音、音乐等，当它离开太阳系时，将把这幅约17.5厘米的金属板弹出飞行器主框架，期望能用来同任何可能存在的星球人进行联系。

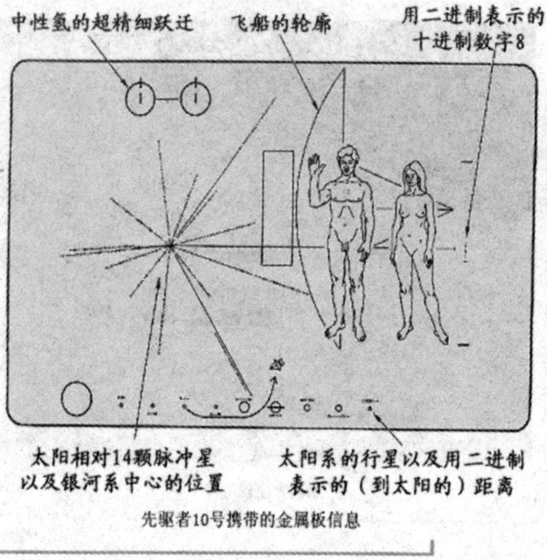

先驱者10号携带的金属板信息

先驱者10号是人类建造的第一个成功飞越太阳系的飞行器，尽管经历了许多可怕的险情：先驱者的任务之一是用来测试通过小行星带与木星巨磁场的生存率的。事实看来，小行星带实在是小菜一碟，但它们却差点被木星磁场中的离子炸裂。这个情报使得后来的旅行者计划的形势十分严峻。它将成为人类建造的，比地球上任何其他工程都会持久的一座丰碑。

最早的太空望远镜

太空望远镜又叫光学望远镜，是天文学家的主要观测工具之一，是用于在太空观测宇宙的望远镜。由于透镜会在光线通过时吸收其中的一部分，因此大多数天文学上用的光学望远镜，都是由一片大的曲面镜代替透镜来聚焦，这样可以确保灵敏的探测器能用最大限度收集从遥远星球发出的光线。而1990年发射的哈勃太空望远镜是在地球上空飞行的一个光学望远镜，它可以避免地球因为大气层干扰而使得图像模糊不清的困扰。

太空望远镜一直是天文学家的梦想。因为通过地面望远镜观测太空总会受到大气层的影响，因而在太空设立望远镜意味着把人类的眼睛放到了太空，盲点将降到最小。1990年，以美国天文学家埃德温·哈勃命名的望远镜进入太空，成为世界上最早进入太空的天文望远镜。

哈勃太空望远镜在距离地表600千米处环绕地球运行和观测。因为排除了地球的混浊大气层的视野干扰，哈勃太空望远镜是有史以来最具威力最多产的天文望远镜之一。它的重大发现包括拍摄到了遥远星系的“引力透镜”和新的恒星诞生的“摇篮”等等，让我们观看宇宙的视野起了革命性的改变。天文学家越来越热衷于把望远镜送入太空，从而获得更多在地面上无法获得的信息。

哈勃太空望远镜

哈勃太空望远镜

最早的载人宇宙飞船

国际航行协会（成立于1905年）认可的世界上第一艘载人宇宙飞船是“东方1号”宇宙飞船，1961年4月12日由前苏联宇航员尤里·阿列克谢耶维奇·加加林（生于1934年3月9日）驾驶进入了太空。

第一艘载人宇宙飞船东方1号

这艘飞船在格林威治时间早6时零7分从前苏联的科克努尔起飞，108分钟后在萨拉托夫地区恩格斯的斯梅洛夫卡降落。“东方1号”宇宙飞船飞行距离为408684千米，最大飞行高度301千米，最大时速28260千米。

加加林少校被授予了前苏联英雄称号，获得了列宁勋章和金星勋章。1968年3月27日，由于他驾驶的一架低空喷气式飞机坠毁而丧生。

最早的太空行走

太空行走指航天员离开载人航天器乘员舱，只身进入太空的出舱活动。最早在太空中行走的人是前苏联宇航员阿列克谢·阿尔希波维奇·列昂诺夫。

1965年3月18日，前苏联发射了载有别列亚耶夫、阿列克谢·列昂诺夫的“上升2号”飞船。飞行中，阿里克谢·列昂诺夫进行了世界航天史上第一次太空行走。他离开“上升2号”飞船密封舱，系着安全带实现了到茫茫太空中行走，在离飞船5米处活动了24分钟。

列昂诺夫于格林尼治时间8时30分离开坐椅，穿好宇宙服，身背氧气筒，经过连接在宇宙飞船一端的一个气闸室，走出飞船船舱，进入了宇宙空间。由于处于失重状态，飞船和宇航员在空间不是走，而是在飘。稍不留神，宇航员就会永远飘离飞船。为了保证宇航员的安全，必须用一根长5米的缆索把宇航员紧紧拴住。舱内外两名宇航员可以借助缆索中的电话线通话，舱外宇航员在宇宙空间的一切生理测量数据也能通过电缆线传回坐舱并发回地球。列昂诺夫在空中停留了20分钟后，由原通道回到了舱内。他在20分钟内有12分9秒是飘着的。从发回的电视图像上能看出他在太空中的动作十分笨拙和滑稽。这次飞行证实了人可以在宇宙空间中停留并进行活动，为以后的宇宙航行积累了宝贵的经验。

列昂诺夫完成人类第一次太空漫步

最先登月的人

美国宇航员尼尔·阿姆斯特朗是世界上第一个登上月球的人。完成这一伟大活动的是“阿波罗11号”宇宙飞船，当时飞船上载有3名航天员，指令长是尼尔·阿姆斯特朗，登月舱驾驶员是巴兹·奥尔德林，指令舱驾驶员是迈克尔·柯林斯。

从地球到月球大约有38万千米，1969年7月16日，“土星5号”火箭的运送载着3名航天员的“阿波罗11号”升空，经过75小时的长途跋涉，于19日进入月球引力圈。20日清晨，“阿波罗”到达月球上空4900千米后，接到休斯敦飞行指挥中心命令，减速飞行，进入月球轨道，于是飞船服务舱发动机逆向喷射，进入了远月点313千米、近月点113千米的椭圆轨道，此时飞船绕月球一圈只需2小时。

人类登上了月球

在月球轨道上，航天员们紧张地进行登月前的准备工作，其中最主要的一项是阿姆斯特朗和奥尔德林进入名叫“鹰”的登月舱，而柯林斯则仍留在称作“哥伦比亚”的指令舱中。登月舱在月球表面着陆后慢慢打开着陆架。1969年7月21日格林威治时间2时56分，当时任飞行指令长的阿姆斯特朗爬出登月舱的气闸室舱门，在进出口台上站了几分钟后，便开始试探性地沿着着陆架上的扶梯走向月面。他在扶梯上每走一级都要稍微停留一下，以便使自己适应月球的重力环境。当他终于成功地站在了月球表面时，通过无线电对地球上的指挥中心说道：“这是我迈出的一小步，却是人类迈出的一大步。”人类的脚印第一次印在了月球的表面上。人类登月的成功开创了人类进行空间探索的新纪元，阿姆斯特朗也因此被人们永远纪念。

最早的太空空间站

太空空间站是科学研究和开发太空资源的有效手段，能够为人类提供一个长期在太空轨道上进行对地观测和天文观测的机会。

1971 年 4 月 19 日，前苏联发射的世界上第一座空间站“礼炮 1 号”顺利地进入了预期的运行轨道，标志着人类在艰难的太空探险道路上又向前迈进了一步。“礼炮 1 号”空间站整体呈不规则的圆柱形，总长约 12.5 米，最大直径 4 米，总重约 18.5 吨，由轨道舱、服务舱和对接舱组成。升空之后，在距地球 200 多千米远的轨道上运行，站上装有各种试验设备，包括照像摄影设备和科学实验设备等等。

“礼炮 1 号”空间站在太空运行了 6 个月，相继与“联盟 10 号”、“联盟 11 号”两艘载人宇宙飞船对接组成轨道联合体，合成一个容积约有 100 立方米的居住舱，每艘飞船各载 3 名宇航员，共 6 人在空间站上停留 26 天。可惜的是“联盟 11 号”在返回地球的时候发生意外，返回舱的均压均衡阀过早开启，3 位太空人因此而身亡。“礼炮 1 号”完成使命后也于 1971 年 10 月 11 日，在太平洋上空坠毁。

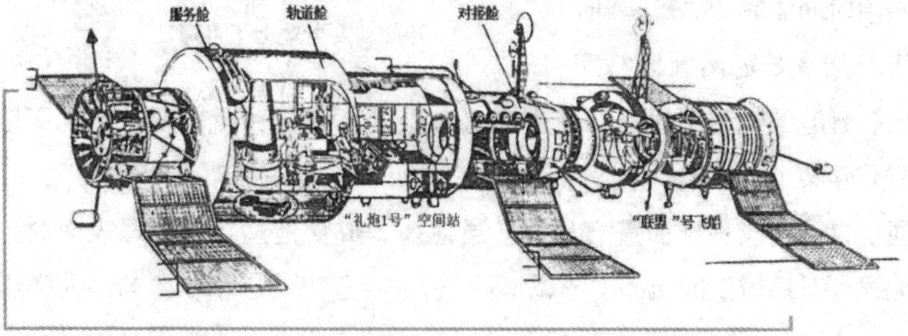

“礼炮 1 号”空间站与“联盟”号飞船对接

寿命最长的国际空间站

在各国先后发射的众多国际空间站中，由前苏联发射升空的“和平号”空间站在太空度过了15年，成为目前世界上寿命最长的国际空间站。

1986年2月20日，“和平号”核心舱发射成功，它提供基本的服务，包括航天员居住、生保、电力和科学研究能力等等。和平号核心舱共有6个对接口，可同时与多个舱段对接。联盟－TM载人飞船为和平号接送航天员，进步－M货运飞船则为和平号运货。

和平号空间站

完整的和平号空间站全长达87米，质量达175吨，有效容积470立方米。它作为世界上第一个长期载人空间站，自诞生之日起，共在轨道上运行了15年，大大超过了5年的设计寿命。它绕地球飞行8万多圈，行程35亿千米，进行了2.2万次科学实验。共有31艘联盟号载人飞船、62艘进步号货运飞船与其实现对接，还9次与美国航天飞机对接和联合飞行。宇航员从这里出舱进行了78次太空行走，舱外活动的总时间达359小时12分钟。先后有28个长期考察组和16个短期考察组在上面从事考察活动，共有12个国家的135名宇航员在空间站上工作，完成了23项国际科学考察计划。宇航员在空间站上进行了大量生命科学实验、空间材料学和医学实验，取得极为宝贵的成果和数据，还拍摄了许多恒星、行星的照片，进行了基本粒子和宇宙射线的探测，大大扩展了人类对宇宙的认识，还探索了从太空预报地震、火山爆发、水灾及其他自然灾害的可能性。

从第一位宇航员登陆，到与美国“亚特兰蒂斯号”航天飞机第一次成功对接，“和平号”空间站为人类的航空航天事业作出了卓越的贡献。随着时代和科研的发展，它也不得不被新一代的空间站取代。北京时间 2001 年 3 月 23 日 14 时 0 分 12 秒，“和平号”空间站结束了它辉煌的生命历程，按照预定轨道安全地坠入了南太平洋海域。

最早登上月球的车

1971 年 7 月 31 日，美国“阿波罗 15 号”宇宙飞船把三名宇航员连同一辆“巡航者 1 号”登月车送上月球，这是人类历史上行驶在月球表面的第一辆汽车。

宇航员戴维斯·斯科特和詹姆斯·欧文驾驶着“巡航者 1 号”四轮月球车，进行了人类首次月球车行驶，由于车的前舵轮操作不灵，按设计只有由后轮驱动，后驱动轮运转良好。他们在崎岖不平的月球表面上，越过陨石坑和砾石行驶了数千米。在理想海 30 度的坡度上行驶了 10.54 千米，直到 1971 年 10 月 4 日才停止运行。阿波罗 16 号宇航船对其月球速度分别限定为每小时 18 千米和 33.8 千米。斯科特和欧文成为在月球上漫步的第 7 位和第 8 位人，而且是第一个在月球上驾车行驶的人。

交通科技篇

随着人类生产和生活的需要而发展起来交通运输，已经成为现代社会的重要组成部分。人类社会发展史也是一部交通运输的发展史。现在的交通运输是指从事旅客和货物运输或传递的行业。主要有铁路、公路、水路、航空和管道五种方式。

在古代，人们为了生存，尽量沿河生活，水上交通就成为最早产生的运输方式。“伏羲氏刳木为舟，剡木为楫”说明独木舟早已在中国出现。古代地中海的腓尼基人和濒临地中海的希腊人在造船、航海方面均较为领先。11 世纪中国将指南针用于航海，促进了世界航海技术的发展。哥伦布发现新大陆、麦哲伦的环球航行以及运河建设、机动船的出现，都推动了水上运输的进步。

而陆地上的代步交通工具则是在人类驯服马、牛后出现的马拉车、牛拉车。这些工具的出现促进了道路的人工修筑，直至出现丝绸之路。18 世纪下半叶蒸汽机的发明引起了工业革命，1825 年，英国发明家斯蒂芬森制造的蒸汽机车在英国斯托克顿达灵顿铁路上运行成功。机车的出现，开始了近代的运输业。

在 19 世纪末至 20 世纪初的几十年时间里，汽车、飞机相继问世：1885 年德国人本茨制成内燃机为动力的汽车，1903 年美国人莱特兄弟制成第一架内燃机推动的双翼飞机。人类从此有了空中交通工具，活动范围也变得更大了。

最早的舟和船

筏是人类最早的水上运载工具。它的发明是人们从漂浮在水面上的又大又重的树木得到的启发，于是，人们就试着借助浮性良好的物体浮水渡河。

但是，筏还不能算船。水上运载工具必须具备了容器的形态，并且具有舷，才可以算作舟或者船，筏并不具备这些特征。独木舟是最早出现的船的雏形。独木舟是用一段圆木制成的舟船，产生于新石器时代。人们利用火和石斧等工具，把砍倒的树木中间掏空，就制作成了可以运载人和物品的独木舟。

在我国浙江余姚河姆渡新石器遗址出土的文物中，发现了独木舟模型，是7000年前新石器时代的遗物，这说明，至少在7000年前，我国已经有了独木舟。

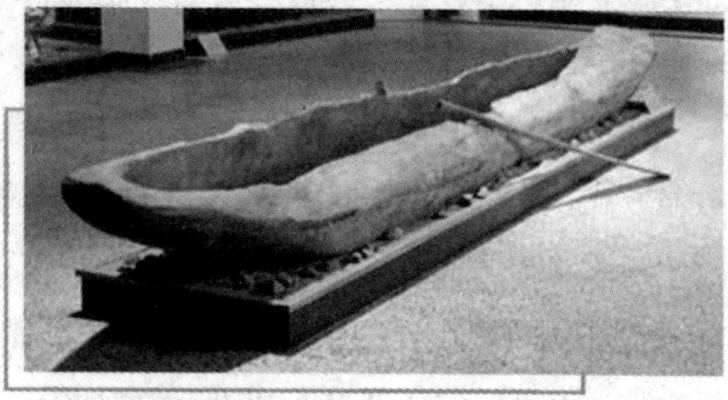
芦沽湖摩梭人独木舟（云南丽江）

筏和独木舟扩大了人们水上生产活动的范围。渐渐地，人们的生产活动需要更长更大的船，可是独木舟的容量受到原木体积的限制，而且砍倒并掏空一棵大树也很不容易。到了青铜器时代，人们制造出了比石器锋利得多的金属工具，不仅减少了砍伐树木的难度，而且能够将圆木剖成木板。能工巧匠们便使用斧、凿等金属工具将木板拼接起来，造出了木板船。

用木板造船使船身的长度、宽度不再受原木的限制，人们将许许多多的短板、窄板拼接成了又长又大的木板船。用木板造船是人类造船史上一次划时代的飞跃，为后来建造更大的船打下了基础。

早期木板船模型

最早操纵航向的设备

人类发明船以后，很长时间都不能自如随意的改变船的航向，直到我国发明了舵，才改写了这一历史。舵的发明是中国历史上的一大发明，也是中国对于世界造船和航运事业的一大贡献。

舵是由桨演变而来的。但二者的作用原理完全不同，桨是通过划水时所产生的反作用力推动船只前进的；而舵并不划水，只是当船舶航行的时候，船尾所产生的水流会在舵面上形成水压——舵压，利用舵压的作用使船舶改变航行的方向。舵压虽然很小，但是因为它与船舶的重心距离比较大，使得船体转动的力矩也比较大。根据杠杆原理，舵压推动船舶转动的功效很强。因此，只要舵的大小适当，满载的大船也可在舵的作用下自如转向。

早期人们是通过划桨动作的变更来控制船只的航行方向，后来逐渐出现了专司航向的舵桨，并把其安装在船尾。舵桨从此便失去了划水的职能，不再离开水面，仅靠在水中左右摆动来掌握航向。其外形也不断得到改进，特别是桨翼变短变宽，增大了与水的接触面积，加强了控制方向的性能。舵也在这基础上应运而生了。在舵的实际应用中，人们对其不断加以改进，把舵柱改为垂直伸进水中，舵面跟舵柱的联接位置，也由舵面中部移至边上，于是变成了垂直舵。同时，还出现了平面舵，就是把一部分舵面面积分布在舵柱的前方，从而缩短舵压中心与舵轴的距离，减少转舵力矩，使操纵更加轻便。此外，中国古代还发明了一种开孔舵，就是在舵面上打许多小孔，这样不但使转舵较为省力，而且由于水的表面张力的作用，小孔不影响舵的性能，可称得上是一种别具匠心的发明。

舵

大约在10世纪，舵被阿拉伯航海者所引用，12世纪时又由阿拉伯传进欧洲。舵的使用使远洋航行成为可能，因此欧洲学者把舵的引进和使用，作为开创15世纪大航海时代的科学条件之一。值得指出的是，类似宋代时使用的平衡舵，欧洲直到18世纪末19世纪初方开始采用，而且至今仍是船舶设计中降低转舵力矩的一个最普遍和有效的措施。

最早的帆动力船

篙、桨、橹的发明都帮助人类在水上活动的更快、更自如，但这些都是以人力为动力的船舶推进工具，人力毕竟有限，用人力来推进船舶，远远不能满足人类的需要。

聪明的人类在长期的航行实践中发现，顺风航行时不用划桨也能前进，逆风时即使用力摇桨也不能行进得很快。后来，人们进一步发现，风推动船的力量不仅与风本身的大小有关，还与船体受风面积有关。顺风行驶时，受风面积越大，船的航行速度越快。于是，人们开始尝试着将衣服等捆绑在船体的竖木上招风，很快就发现，船航行的速度加快了。后来，人类专门制作了兽皮和其他织物，在顺风时挂在船体上招风，逆风时就降下来，于是，早期的帆就这样诞生了。

古代帆船模型

从史料记载来看，中外帆船诞生的时间很接近，大概都在公元前3000多年以前，具体时间已无从考证。帆可以分为方帆、斜帆和挂帆三种形式。最早的帆是方帆，主要出现在我国和古埃及。在航行实践中，为了更加有效地利用风力，提高船舶的航行速度，单桅单帆的帆船逐渐演变成多桅多帆的帆船，一艘船上的船帆甚至可达近百幅，而且帆的种类各不相同，从而极大限度地利用了风力。

到了公元15世纪之后，我国劳动人民又开始将帆船上的篷帆加以简化。大多数船上仅有两根至三根大桅，即使是长达60米，载重几百吨的大船，也仅设置两根至三根大桅，外加两、三根小桅，且每一根桅上仅挂一面帆。帆的数量减少了，风力却没有减少。因为人们在减少帆的数量的同时，把每一面帆加高、加宽，提高了每面帆的受风面积。同时，人们还将用竹片或席子编成的席子帆改为夹有竹条的布帆，从而使船帆变得简单而有效果。

最早的导航设备

导航设备就是引导船舶航行的设备。世界上最早的导航设备是我国古代四大发明之一的指南针。

明代水罗盘模型

在船舶诞生之初，人类从来并不敢贸然远行，航行最远处就是人类目力所能达到的最远处。到了800多年前的宋代，海船上装上了我们祖先的伟大发明之一——指南针，出现了磁罗径，导航方法有了新的发展。1119年宋人朱彧所著的《萍州可谈》记载“舟师识地理，夜则观星，昼则观日，阴晦观指南针或以绳钩取海底泥，嗅之便知所至。”这形象地介绍了当时的导航方法，也说明指南针已在当时得到了应用。

我国最初的指南针采用的是水浮法。后来，水浮法指南针被称为水罗盘，即把磁化了的铁针穿过灯芯草，浮在水上，磁针浮在水上转动来指引方向。把指南浮针与方位盘结合在一起，就成了水罗盘。在明嘉靖年以前，我国海航一直使用水罗盘，其制作简单方便，但不太平稳，易随船舶的摇动而摇晃。指南针于十二三世纪传入阿拉伯，后又传入欧洲。之后，欧洲人将磁针放在钉子尖端，可自由转动，制成了旱罗盘，旱罗盘有固定的支点，不像水罗盘那样不平稳，性能更适用于航海。在明嘉靖年间，我国也开始使用旱罗盘。

最早的汽船

第一艘涡轮汽船“透平尼亚号”是1894年在英国泰恩建河的沃尔森德港造的，它的设计者是查理士·帕森斯先生。“透平尼亚号”长30.48米，排水量45.2吨，由3台汽轮机组成，轴输出功率共有2000马力。这艘船在1897年首航时，时速达63.9千米，现在保存在泰恩河的纽卡斯尔港。

最早的气垫船

克里斯托弗·西德尼·科克雷尔（生于1910年6月4日）是世界上第一个提出了制造气垫船的切实可行计划的人。他是一位英国的工程师。1954年提出了他的想法，1955年10月25日发表波动船的报告，1955年12月12日申请了专利。气垫船的最早专利是由伦敦奇齐克的约翰·埃·桑尼克罗夫特提出申请的，芬恩·托伊沃·卡罗于1935年进一步发展了这一理论。1959年5月30日在英国的考斯，四吨重的“桑德斯·罗SR－N1号气垫船”进行了首次航行。这艘气垫船装着一台680千克推力涡轮喷气发动机，1961年6月其时速达126千米。1962年7月到9月之间，第一艘可乘24位旅客的气垫船“维克斯·阿姆斯特朗VA－3号”横越迪江港为公众服务。

古代最先进的车马系驾法

驴、马是人类较早的代步工具，尽管大家都意识到可以用马代步，但是使用马的方法却不尽相同。我国古代劳动人民创造的车马系驾法是当时世界上是最先进的马车系驾法。而且，我国对于车马的系法，一直都是走在世界前列的。

商、周时代，我国采用是轭靷（轭，牛马等拉东西时架在脖子上的器具；靷，引车前行的皮带）式系驾法，马的承力点在肩胛两侧接轭之处。约公元前4世纪留传下来的一只漆盒子上画着一匹马，套着轭具，马车辕上的挽绳就拴在马轭上。

公元前2世纪，劳动人民又将轭靷法改进为更简便的胸带式系驾法。胸带法将以前车的鞅（古代用马拉车时安在马脖子上的皮套子）与翰相连接，承力部位降至马胸前，使轭变成一个支点，只起支撑衡、辕的作用。而西方在古代采用的是颈带式系驾法，即将马用颈带系在车轭上，轭接衡，衡连着辕，驾车时马就以颈带负衡拽辕前进。由于颈带压迫马的气管，马奔走越快，呼吸越困难，若奋力前行，还有可能把自己勒死。颈带法严重影响了马力的发挥。直到公元 8 世纪，西方才将颈带法改进为胸带法。

公元 13 世纪 60 年代，我国又完成了鞍套式系驾法的创制，而西方直到 14 世纪才有使用鞍套式系驾法的文字记载。直到今天，鞍套式系驾法仍然是世界上通用的系驾方法。

最早的自行车

早在 1493 年，用连杆把曲柄和脚蹬连接起来推动机器前进的第一个设计者是伦纳德 · 达 · 文奇（1452 ~ 1519）和他的一个学生。第一辆实用的自行车是 1861 年 3 月由巴黎的皮埃尔和他的儿子制造出来的。

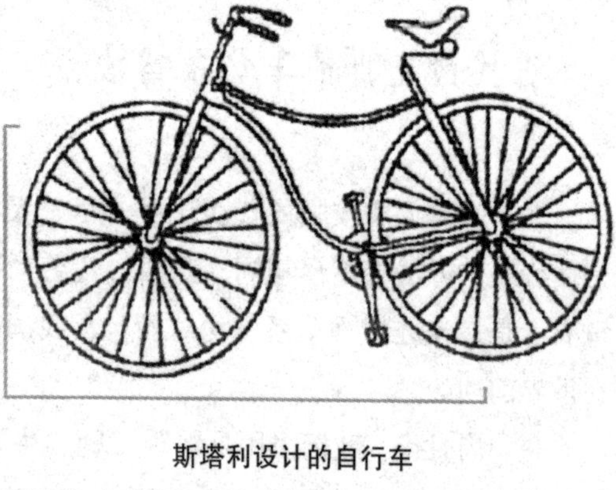

斯塔利设计的自行车

1886 年，英国的一位机械工程师詹姆士 · 斯塔利从机械学、运动学的角度设计出了新的自行车样式，为自行车装上了前叉和车闸，前后轮的大小相同，以保持平衡，并用钢管制成了菱形车架，还首次使用了橡胶的车轮。斯塔利所设计的自行车车型与今天自行车的样子基本一致了。1870 年，斯塔利又在考文垂制造出第一台前轮大后轮小的自行车，这辆自行车用的是金属丝辐条轮，减轻了重量，并且备有可任选的速度齿轮。

斯塔利不仅改进了自行车的结构，还改制了许多生产自行车部件用的机床，为自行车的大量生产与推广应用开辟了宽阔的前景，因此他被后人称为“自行车之父”。

最早的蒸汽自行车

1869 年，美国人鲁佩尔制成了一辆蒸汽自行车。

鲁佩尔把一台双缸蒸汽机安装在自行车上，并用两根长长的连杆带动后轮旋转，然后把用煤加热的小型蒸汽锅炉悬挂在车子前后轮之间，锅炉上的小烟囱则伸在车座的后面。在车把上分别安装着用来控制车速和方向的手柄。它的车速可达 60 千米/时，比人力自行车可快多了。制造这辆最原始“摩托车”的鲁佩尔曾自豪地说：“这辆自行车可以爬上任何一道坡，可以把任何一匹马甩在自己的后面。”这辆蒸汽自行车现珍藏在美国斯米措尼安学院博物馆内。

最早的摩托车

1885 年 10～11 月，德国的戈特利布·戴姆勒在莱茵河畔的一个小村庄里，制造了一辆木车架、铁箍木轮的内燃机自行车，它就是人们所说的“第一号机动车”。由于在自行车上装的是内燃机，而内燃机的英文词是 motor，读出音就是“摩托”。所以，这辆装有内燃发动机的自行车，可说是世界上第一辆摩托车了。

实际上，这辆摩托车的发明和创造者——德国工程师戈特利布·戴姆勒，在车上装的是一台四冲程汽油发动机。当初，他并没有明确地想要研制摩托车，只不过是想利用骨架简单的自行车试验一下汽油发动机的性能，并看看能否将它作为这类车子的动力。然而，这一具有划时代意义的试验，却使他成功地发明了摩托车。这辆摩托车由威廉·梅巴奇首次骑行，它的最高时速 19 千米，单缸 264 毫升四冲程发动机 0.5 马力，每分钟 700 转。1903 年，它因起火而烧毁。

德国戴姆勒发明的世界上第一辆摩托车

大批生产摩托车最早的工厂是西德慕尼黑的阿洛伊斯·沃尔夫姆勒厂。它于 1894 年开工。在头两年，这家工厂生产了 1000 多辆摩托车。每辆车均为双缸、水冷 1488 毫升四种冲程发动机，大约 2.5 马力，每分钟转数为 600 转。

最早的火车

虽然比起马车来，火车载货多、跑得快，但是它的发展也是经历很漫长的时间。

在无数失败的基础上，1804 年，英国人理查德·特里维西克经过多年的探索、研究，终于创造了一台单一汽缸和一个大飞轮的蒸汽机车，牵引 5 节车厢，以时速 8 千米的速度行驶，这是在轨道上行驶的最早机车。因为当时使用煤炭作为燃料，故人们称它为“火车”。有趣的是，当时这台机车，没有设计驾驶室，驾驶员只好跟在车子旁，边走边驾驶。四年后，他又制造了“看谁能捉到我号”机车，载人行驶。可是，由于轨道不能承受火车的重量，机车本身也存在不少问题，因此，在一次行驶途中，机车出轨了，就停止了使用。

1814 年，乔治·斯蒂芬森制造出了第一辆有两个汽缸的，能牵引 30 吨货物可以爬坡的火车，使火车的锋芒初步显露出来。1825 年 9 月 27 日，第一条用蒸汽牵引的永久性的公营铁路开通，它从希尔顿经过达林顿到斯托克顿，史蒂芬森制造的“运行号”列车运载旅客行驶其间。

由于当时的马车业主们极力反对火车运输，在 1829 年曼彻斯特至利物浦间的铁路铺成之后，是采用马车还是火车运输，引起了一场争论。（说明：铁轨轨距是采用2000多年前古罗马战车车轮间距1.435米的，英国当时在铁轨运行的马车车轮也是这个间距）因此，英国政府决定采用一次马车和火车比赛来解决这个问题，结果史蒂芬森的儿子改进的“火箭号”获胜。“火箭号”长6.4米，重7.5吨，为了使火燃烧旺盛，装了4.5米高的烟囱，牵引30人的客车以平均22千米的时速行驶，比当时的四套马车快2倍多，火车的优越性又进一步显示出来。从此以后，火车终于取代了有轨马车成为人们生活中不可缺少的交通工具。

世界上最早的火车

最早的有轨电车

世界第一台电力机车于1879年问世，它是利用两条铁轨之间的一条轨将电力引进机车里的，这种供电方式适合于电压和功率都比较低的情况。随着电力机车的发展，要使它跑得快，运载量大，就得提高电力机车供电系统的电压和功率，因而需要使用高压输电线和变电装置。

1881年，德国试验成功一种适合以高压输电线供电的电力机车新的供电系统，将电力机车的供电线路由地面转向空中。它最大的特点是自身不带电源，由电厂供电，依靠装在车顶上的受电弓子把电力从架在空中的电线上引到机车里。设在空中的高压输电线送来的电是高达110千伏的三相交流电，必须经过牵引变电所变成25千伏的单相交流电，方能供机车使用。所以，需要在机车行驶的铁道沿线上，每隔一段距离设一个牵引变电所。变电所的电被送到邻近的沿线接触网上，通过机车上的受电弓将交流电引到机车的整流器上，把交流电变成直流电，使直流电动机旋转，再经过一套传动装置，带动车轮转动，机车就会跑动起来。这种供电系统内所需的机车结构比较简单，但需要给机车配一套供电设备。

最早的地铁

1863 年，在英国伦敦建成了一个长为 6 千米的地铁，这是世界上最早建成的地铁。当时用来牵引机车的还不是电动机车，而是将隧道里弄得烟雾缭绕的蒸汽机车。地铁里常常空气混浊，甚至曾发生过熏死乘客的事故。尽管环境如此恶劣，仍挡不住人们的好奇心，大家都抢着去坐地铁。那一年，这个地铁运载乘客达 950 多万次。

直到 1890 年，伦敦开始使用了电动机车才改善了乘车环境。近 100 年来，地铁的发展很快，越来越多的城市建立起了相当发达的地铁网络，乘坐也极为方便。现在地铁站基本都实现了自动化，只需要少量的人管理。你只要用自助售票机买好票，然后到入口处刷卡进站就好了，极为方便。

最早的汽车

1860 年，法国人艾蒂安·勒努瓦发明了一种内部燃烧的汽油发动机。

1885 年，德国工程师卡尔·本茨在曼海姆制造成一辆装有 0. 85 马力汽油机的三轮车，即公认的世界上第一辆三轮汽车“奔驰 1 号”。1886 年，德国另一位工程师戈特利布·戴姆勒（1834 ~ 1900 年）也造出了一辆用 1. 1 马力汽油发动机作动力的四轮汽车，这便是现代意义上的汽车。他们俩被公认为以内燃机为动力的现代汽车的发明者。

由德国工程师卡尔·本茨于 1886 年 1 月 29 日向德国皇家专利局申请，同年 11 月 2 日批准。专利号为 37435a，类别属于空气及气态动力机械类，专利名为气态发动机车。1886 年 1 月 29 日也被公认为汽车的诞生日。

最早的汽车驾驶证

德国工程师卡尔·本茨发明汽车后，很长时间不能试驾，因为政府担心汽车的行驶将损坏道路，所以不批准其上路行驶，本茨为此很是苦恼。本茨的妻子贝尔塔很聪明地申请到了一张临时驾驶许可证，以试驾本茨发明的汽车来支持本茨的发明。为了把这张证换成正式的，她等了足足4年。当然这种等待也是值得的，因为这是世界上第一张“汽车驾驶证”。

最早的公共汽车

公共汽车是全世界使用最广泛的交通工具，最初的公共汽车还是马拉的有轨车。

1825年，英国公爵嘉内制成了第一辆蒸汽公共汽车“皇家专利号”。这辆车以蒸汽为动力，发动机装在后部，后轴驱动，前轴转向。1831年，嘉内利用这辆车开始了世界上最早的公共汽车运营业务，在英国格洛斯特和切尔坦哈姆之间达运行四个月之久，所以这辆车也被公认是世界上最早的公共汽车。

最早以内燃机为动力的公共汽车，是本茨对奔驰公司生产的“维克托得亚”牌汽车进行了改进，将车箱座位设计成面对面的18个，成为了世界上第一辆内燃机公共汽车。

最早的吉普车

1902年，最早的全轮驱动汽车出现在荷兰。它是一辆四轮驱动的竞赛用车，采用了敞篷式车身，有两个座位，是当时赛车中性能最好的一种车型。

吉普车这个名称是在第二次世界大战期间出现的。1940年，进入全面战时动员的美国军方为了对付希特勒的闪电战术，由陆军后勤部小型侦察车研制委员会向美国至少135个厂家发出承制招标，要求研制轮式1/4吨级通用“低车身侦察车”，一家叫班特姆的小公司利用各种市售件拼装出一辆样车并一举中标。

由于班特姆公司无力批量生产该车，美国陆军把生产任务交给了威利斯·奥佛兰德公司批量生产。这种车通常称为威力斯万能车GPW，亦即Jeep，它的全名叫“载重1/4吨的4×4指挥、侦察车”。这种临时拼装起来的吉普车因其四轮驱动、爬坡能力极强的特点成为“盟军制胜法宝”，战后也是极受欢迎的车种。

1941年参加竞标的班塔姆吉普（左）、威利斯MA吉普（中）、福特GP吉普（右）

最特殊的车

法拉利400I是世界上最特殊的跑车，是一位沙特王子为了让自己在欧洲时能驾驶一辆与众不同的超级跑车而请著名汽车设计大师米凯洛蒂专门设计的。水滴型的车身、纤细的风窗支柱，并装有排量为4.823升的V12发动机，极速245千米/时、功率可达315马力。该车设计出来仅生产了一辆。

最早的滑翔机

千百年来，人们总梦想着能像天空中的鸟儿一样自由地飞翔。19 世纪，德国滑翔机专家奥托·李林塔尔经过多年的试验和研究，终于想出了一种能让人类实现飞行梦想的办法。

受鸟类飞行原理的启发，李林塔尔给自己安上了两只大翅膀，并于 1891 年首次滑翔成功。在此后的 5 年中，他又不断地改进滑翔机，在空中进行了 2000 多次飞行。虽然今天世界上已经有各种各样的飞机，但很多滑翔机爱好者仍然把借助滑翔机的飞行看做是真正的“飞翔”。因为在驾驶滑翔机时，人的身体本身就是滑翔机的组成部分，用滑翔机在空中展翅才会有“飞翔”的感觉。

最早的飞行

1903 年 12 月 7 日上午 10 时 35 分，在美国北卡罗莱纳州基蒂霍克的基尔德威尔山附近，首次由动力驱动，受控且持久的飞行取得成功：奥维尔·莱特驾驶着 12 马力由链条传动的“飞行者 1 号”，航速为 48 千米/时，地速为 10.9 千米/时，高度为 2.5～3.5 米，飞行了 12 秒钟，飞行的距离是 36.5 米。现在这架“飞行者 1 号”飞机存放在华盛顿史密森协会的国家航空航天博物馆内。

1903 年 12 月 17 日，奥维尔·莱特在驾驶“飞行者一号”飞机进行试飞，站在飞机旁的是他的哥哥威尔伯·莱特。

1890 年 10 月 9 日，在法国阿曼威勒斯，克莱门特·艾德尔驾驶着自己的 EoLe 号飞机，飞行了 50 米，载人飞机完全靠自己的动力首次进行的短途飞行获得成功。这架飞机是由他自己设计的轻型蒸汽发动机驱动的，功率大约 20 马力。根据皇家航空学会的报道，最早为飞行器搞的“理论设计”是在 1717 年由瑞典的伊曼纽尔·斯韦登伯格发表的。

1908 年 10 月 16 日，美国公民塞缪尔·科迪在汉普郡法恩巴勒驾驶着双翼飞机飞行了 423 米，他在英国的这次飞行首次得到官方的承认。

最早的喷气式客机

法国的领航员马可奈特和罗马尼亚的亨利·科恩达曾经提出用喷气做飞机推力的建议，1921 年马克辛·吉勒姆也提出过用涡轮喷气发动机的计划。最早的试飞是 1937 年 4 月 12 日，用的是英国喷气动力有限公司的试验惠特尔发动机。惠特尔发动机是由空军中尉（后来是空军中将）弗兰卡·惠特尔发明的，并于1930 年申请了专利。1939 年 8 月 27 日在德国，马林耐荷·弗拉格·卡皮坦·埃里奇·瓦西兹驾驶着“海因克尔·赫 S36 型”涡轮喷气发动机为动力的飞机进行了首次飞行。这种发动机（重 378 千克，并安有长的排气管）是由汉斯·帕布斯特·冯奥汉设计的，1937 年 8 月第一次进行了试验。

1941 年 5 月 15 日在英国林肯郡的克林威尔，英国军官杰里·塞耶驾驶着“格洛斯特·惠特尔”E28/39 型飞机进行了长达 17 分钟的英国喷气式飞机首次飞行。这架飞机翼展 8. 84 米，长 7. 70 米，装有 390 千克的“惠特尔 W－1 型”发动机，最大速度 560 千米/时。

1952 年 5 月 2 日，英国德·哈维兰公司研制的“彗星”式客机是世界上最早的喷气式客机，并正式投入航线运营。不幸的是，喷气式客机的第一次空难也发生在“彗星”客机身上。1953 年 3 月 3 日，加拿大太平洋航空公司的一架“彗星”涡轮喷气式客机在巴基斯坦卡拉奇机场起飞时坠毁，机上 11 人全部罹难。这是世界上第一次涡轮喷气式客机空难事故。据调查，事故的原因是飞行员在起飞时把机头抬得过高引起失速造成的。

最早的超音速客机

自从进入喷气式客机时代，国际民航界就不断追求飞行速度的提升，对超音速运输机市场也十分乐观。20 世纪 60 年代初，英法两国开始联合研制“协和”号超音速客机，美国也开始研制波音 2707 超音速客机。在当时的环境下，为突显社会主义阵营的政治胜利，苏联政府决定马上研制超音速客机。前苏联的著名飞机设计泰斗图波烈夫受时任总书记赫鲁晓夫委托，要求尽快研制出超音速客机。

有关机构为不惜代价率先使超音速客机升空，窃取了研制中的协和客机的部分资料，加快了图－144 的研发速度。而图－144 在外形上又与协和号非常相近，虽然抢先于协和率先问世，航空界仍戏称其为“协和斯基”，暗指其偷窃了西方技术。实际上图－144 在仿制过程中大量应用了自身的技术进行了较大的改进，它比协和客机机体更大，载客量、航程、速度等技术指标均优于“协和”，乘坐舒适度也好于协和。

电子·通讯科技篇

随着交通的发展，人类的活动范围越来越广，人们对彼此间的通讯要求越来越高。到目前为止，人类通讯手段依次出现了邮电、电话和互联网三种，现在这三种通讯方式相辅相成，共同构成了我们生活中的通讯网络，满足人们对通讯的基本要求。

邮电包括邮政和电信两方面内容。一方面是邮政系统，另一方面是电信系统。电信业的发展是物理上电磁学理论最早对人类的贡献。1837 年，美国人莫尔斯发明电报机，拉开了近代电信的序幕。20 世纪 50 年代后半导体与集成电路出现，形成大规模的现代化通信。

1876 年贝尔发明的电话，及随后发明的电话通讯网络，开启了电话通讯时代，人们可以像面对面那样进行交谈。1946 年第一台电子计算机" ENIAC" 在美国宾夕法尼亚大学摩尔电子工程学院问世；1954 年 IBM 公司开发出“IBM 650”系列计算机；1957 年 IBM 公司开发出第一代高级语言“Fortran”；1962 年美国通信卫星与欧洲通信获得成功；1969 年，美国提出全球通信网蓝图，并由美军建立阿帕网（ARPAnet)，目的是预防遭受攻击时，通信中断。ARPAnet 是 Internet 的前身，它的出现表明人们进入了互联网通讯时代。

如今的通讯早已经没有障碍，而且随着 3G 电话通讯网络的建设，通讯往更加人性化的方向发展，人们的生活圈子也随着通讯工具的发展越来越丰富多彩。

最早的软盘

软盘曾在电脑中具有至关重要的作用，它具有良好的存储功能，可以对小数量数据进行存储和备份。在日常生活中，软盘能够帮助使用者交流、移动电脑中的资料等，其作用不可忽视。

1971 年，IBM 公司的工程师在阿兰·舒格特的带领下，成功研制出了世界上第一张软盘。由于这种盘具有良好的柔韧性，所以被命名为软盘。在此之后，人们不断地对软盘进行改进。于 1976 年创造出了一种 5 英寸软盘和相应的驱动器。这种体积小、性能卓越的软盘的出现使 IBM 公司的产品开发得以加快进行，配有相应驱动器的电脑一经面世就轰动了全球。

现今软盘因容量小且容易损坏，其功能已逐渐被 U 盘所取代。

最早的 CPU

CPU 是中央处理单元（Central Processing Unit）的缩写，一般简称为微处理器或处理器。CPU 是计算机的核心，负责处理、运算计算机内部的所有数据，相当于人类的大脑。

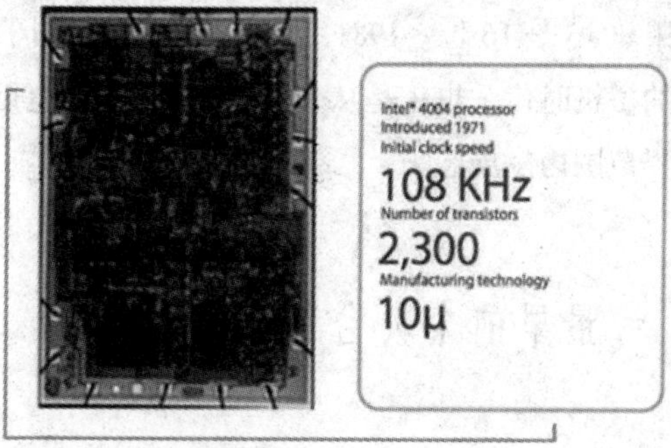

世界上第一块个人微型处理器 4004

CPU 的起源可以一直追溯到 1971 年。在那一年，当时还处在发展阶段的 Intel 公司推出了世界上第一台微处理器 4004。这不但是第一个用于计算器的 4 位微处理器，也是第一款个人有能力买得起的电脑处理器。4004 含有 2300 个晶体管，功能相当有限，而且速度还很慢，被当时的蓝色巨人 IBM 以及大部分商业用户不屑一顾。但是它毕竟是划时代的产品，从此以后，Intel 便与微处理器结下了不解之缘。可以这么说，CPU 的历史发展历程其实也就是 Intel 公司 X86 系列 CPU 的发展历程。

1978 年，Intel 公司再次领导潮流，首次生产出 16 位的微处理器，并命名为 i8086，同时还生产出与之相配合的数学协处理器 i8087，这两种芯片使用相互兼容的指令集，但在 i8087 指令集中增加了一些专门用于对数、指数和三角函数等数学计算指令。由于这些指令集应用于 i8086 和 i8087，所以人们也这些指令集统一称之为 X86 指令集。虽然以后 Intel 又陆续生产出第二代、第三代等更先进和更快的新型 CPU，但都仍然兼容原来的 X86 指令，而且 Intel 在后续 CPU 的命名上沿用了原先的 X86 序列，直到后来因商标注册问题，才放弃了继续用阿拉伯数字命名。

至于在后来发展壮大的其他公司，例如 AMD 和 Cyrix 等，在 486 以前（包括 486）的 CPU 都是按 Intel 的命名方式为自己的 X86 系列 CPU 命名。但到了 586 时代，市场竞争越来越厉害了，由于商标注册问题，它们已经无法继续使用与 Intel 的 X86 系列相同或相似的命名，只好另外为自己的 586、686 兼容 CPU 命名了。

1979 年，Intel 公司推出了 8088 芯片，它仍旧是属于 16 位微处理器，内含 29000 个晶体管，时钟频率为 4.77MHz，地址总线为 20 位，可使用 1MB 内存。8088 内部数据总线都是 16 位，外部数据总线是 8 位，而它的兄弟 8086 是 16 位。1981 年 8088 芯片首次用于 IBM 个人电脑中，开创了全新的微机时代。也正是从 8088 开始，个人电脑（PC 机）的概念开始在全世界范围内发展起来。

最早的个人台式电脑

所谓个人电脑就是现在人们广泛使用的计算机，又称个人计算机，区别于早期的用于科学或其他研究领域的大型电脑。个人电脑在机型上分为台式电脑与笔记本电脑，在系统上分为IBM整合制定的IBM PC/AT系统标准，以及苹果电脑所开发的麦金塔系统。

1977年6月5日，乔布斯的苹果公司推出苹果Ⅱ型计算机，这是世界上第一台个人电脑。苹果Ⅱ以彩色图形为特色并用盒式录音磁带存储信息。它的出现大大改变了那个时代电脑沉重粗笨、难以操作的形象。它具有小巧轻便、操作简便的特点，整机只有5.5千克，仅用10只螺钉组装，塑胶外壳美观大方，看上去就像一部漂亮的打字机。

1977年的苹果Ⅱ型计算机

1985年，东芝推出T1100，第一次给人们带来了“笔记本电脑”的概念。这台T1100采用Intel 8086 CPU，512KB RAM，并带有9英寸的单色显示屏，没有硬盘，可以运行MS-DOS操作系统。在此之后，笔记本电脑相关的各种新技术、新产品才纷纷出现，市场开始全面快速的发展。

最早的网络

随着电脑的广泛使用，如何是不同电脑上的资源共享，成为人们探索的方向。

1969年11月，美国国防部高级研究计划管理局（Advanced Research Projects Agency）开始建立一个命名为ARPAnet的网络，共有4个结点，分布在洛杉矶的加利福尼亚州大学洛杉矶分校、加州大学圣巴巴拉分校、斯坦福大学、犹他州大学四所大学的4台大型计算机。ARPAnet网络起初是为了便于这些学校之间互相共享资源而开发的。到了1975年，arpanet已经连入了100多台主机，并结束了网络试验阶段，移交美国国防部国防通信局正式运行。

ARPAnet网络采用分组包交换机制，通过专门的接口信号处理机（IMP）和专门的通信线路相互连接。作为Internet的早期骨干网，ARPAnet的试验奠定了Internet存在和发展的基础，尤其是TCP/IP协议的开发和利用，较好地解决了异种机网络互联的一系列理论和技术问题。

1986年，美国国家科学基金会（National Science Foundation，NSF）利用ARPAnet发展出来的IP的通讯，在5个科研教育服务超级电脑中心的基础上建立了NSFnet广域网。在美国国家科学基金会的鼓励和资助下，很多大学、政府资助的研究机构甚至私营的研究机构纷纷把自己的局域网并入NSFnet中。那时，ARPAnet的军用部分已脱离母网，建立自己的网络——Milnet。于是，网络之父ARPAnet逐步被NSFnet所替代。到1990年，ARPAnet已退出了历史舞台。

最早的电脑病毒

电脑病毒的概念起源相当早，在第一部商用电脑出现之前好几年时，电脑的先驱者冯·诺伊曼在他的一篇论文《复杂自动装置的理论及组识的进行》里，已经勾勒出病毒程序的蓝图。

最早发现病毒的记录，则是1982年Xerox旗下Xerox Palo Alto实验中心里两位研究人员发现1个有缺陷的程序，会自动复制、传送到不同的服务器里，但这个病毒只在Xerox的实验中心里流窜，没有感染其他电脑。

世界上公认的第一个在个人电脑上广泛流行的病毒是1986年初诞生的大脑（C－Brain）病毒，编写该病毒的是一对巴基斯坦兄弟，两兄弟经营着一家电脑公司，以出售自己编制的电脑软件为生。当时，由于当地盗版软件猖獗，为了防止软件被任意非法拷贝，也为了追踪到底有多少人在非法使用他们的软件，在1986年年初，他们编写了“大脑（Brain）”病毒，又被称为“巴基斯坦”病毒。该病毒运行在DOS操作系统下，通过软盘传播，只在盗拷软件时才发作，发作时将盗拷者的硬盘剩余空间吃掉。

另外一种关于最早的电脑病毒的说法是：1988年11月2日，麻省理工学院（MIT）的一名学生撰写的一个导致死机的病毒，叫做Morris病毒。这个病毒总共仅99行程序代码，放到网络上数小时，就有数以千计的UNIX服务器受到感染。但此软件原始用意并非用来瘫痪电脑，而是希望制作出可以自我复制的软件，但程式的循环没有处理好，使得服务器不断执行、复制Morris，最后导致死机。由于当时网络多半仅供学术机构或国家级单位使用，进入远端系统很少需要密码，因此，这名学生被判处劳役，并罚款1万美元。

最早的电报

电报，是用电信号传递文字信息的一种通讯方式。在通讯越来越迅捷的今天，电报已经从我们的生活中消失了，但它曾经在我们的发展中起过很大作用。

1835年，美国画家莫尔斯出于兴趣，研制出了第一台电磁电报机的样机，后来，他又根据电流通、断掉时出现电火花和没有电火花两种信号，于1838年发明了由点、划组成的“莫尔斯电码”。经过改进后的样机能够在短距离内传送电码通信，莫尔斯把这台机器命名为“电报机”。

莫尔斯电报机包括发报机、收报机和连通两者的导线。发报机的主要装置是一个简单的电键和作为电源用的一组电池，收报机的主要装置是一个由电磁铁操纵的符号记录器。当发报人将电键按下时，电路接通，电流迅即流经收报机中缠绕在电磁铁上的导线，这时电磁铁的铁芯就被被磁化，于是便吸引顶部铁制印字杠杆的一端使之向下，同时也就使杠杆另一端的子轮向上，压紧电报纸条，留下墨痕。这个小轮的边缘非常薄，并且不断地在墨油缸内匀速旋转。绕在滚轴上的纸条也由机械操纵着，从卷着空白纸条的轮盘不断地卷到另一个轮子上。当松开电键时，电路中断，收报机中的电磁铁失去磁性，由于印字杠杆另一端弹簧的作用，便使小轮离开了纸条，纸上印下的墨痕线条也就中断了。如果电键按下的时间短，纸条上就会留下一个短痕——点的符号“·”；如果按下的时间长3倍时，便留下一个长痕——划的符号“—”；在停按电键时，便会得到点和划间的间隔，按照规定把传输的点划符号组合起来，就能表达一定的文字意义，从而完成电报通信任务。

最早的电话

电话是通过电信号双向传输话音的设备。现在已经随处可见，甚至因为手机的普及，它的生产数量反而下降了。说起它的发明，是人类通讯史上的一个跨越，电话的出现使人们实现了实时通讯，再不用等信或电报了。

虽然目前人们公认的电话发明人是亚历山大·格雷厄姆·贝尔，但是历史不会忘记真正的有功者。其实，最早的电话是1845年移居美国的安东尼奥·梅乌奇发明的。

梅乌奇一生痴迷于电生理学研究，他在不经意间发现电波可以传输声音。于是在1850年至1862年间，制作了几种不同形式的声音传送仪器，称作“远距离传话筒”。可惜的是，梅乌奇生活潦倒，无力保护他的发明。当时申报专利需要交纳250美元的申报费用，而长时间的研究工作已经耗尽了他所有的积蓄。梅乌奇的英语水平不高，这也使他无法了解该怎样保护自己的发明。随后，命运又给了梅乌奇一个更大的打击。1870年，梅乌奇患上了重病，不得不以区区6美元的低价卖掉了自己发明的通话设备。为了保护自己的发明，梅乌奇试图获取一份被称作“保护发明特许权请求书”的文件。为此他每年需要交纳10美元的费用，并且每年需要更新一次。3年之后，梅乌奇沦落到靠领取社会救济金度日，付不起手续费，请求书也随之失效。

1874年，梅乌奇寄了几个“远距离传话筒”给美国西联电报公司。希望能将这项发明卖给他们。但是，他并没有得到答复。当请求归还原件时，他被告知这些机器不翼而飞了！两年之后，贝尔的发明面世，并与西联电报公司签订了巨额合同。梅乌奇为此提起诉讼，最高法院也同意审理这个案件。但是，1889 年梅乌奇过世，诉讼也不了了之了。

2002 年 6 月 15 日，美国议会通过议案，认定安东尼奥·梅乌奇为电话的发明者。如今在梅乌奇的出生地佛罗伦萨有一块纪念碑，上面写着“这里安息着电话的发明者——安东尼奥·梅乌奇”。

最早的移动电话

移动电话，英文是 Mobile Telephone，就是我们俗称的手机，在港台地区通常称为手提电话、手电，早期又有“大哥大”这种叫法，是可以在比较广范围内使用的便携式电话终端。

便携式电话的概念最初是美国新泽西州朗讯技术公司贝尔实验室于 1947 年提出的。第一部真正的便携式手机是摩托罗拉公司的马丁·库珀（美国）发明的，有两块砖头大。1973 年 4 月 3 日，他向竞争对手——贝尔实验室研究主管乔尔·恩格尔打了第一个电话，实现了成功通话。

随后的这 30 多年里，手机的发展越来越迅速。1991 年时，手机的重量为 250 克左右；1996 年秋，出现了体积为 100 立方厘米、重量 100 克的手机。此后又进一步小型化、轻型化，到 1999 年就轻到了 60 克以下。也就是说，一部手机比一枚鸡蛋重不了多少了。

除了质量和体积越来越小外，现代的手机已经越来越像一把多功能的瑞士军刀了。除了最基本的通话功能，新型的手机还可以用来收发邮件和短消息，可以上网、玩游戏、拍照，甚至可以看电影！相信你手里已经有这样一部手机了吧！

文化科技篇

文化是人们在社会生活中，形成共同的认识、理念和思想，遵循着一定的规则、规范和秩序的生活方式和生活过程，主要成分是符号、价值观和社会规范。

符号是指能够传递事物信息的一种标志，它在生活中代表一定的信息或意义，文化即是人类群体整个的符号，其存在取决于人类创造、使用符号的能力；价值观是人们评判日常生活中的事物与行为的标准，决定着社会中人们共有的区分是非的判断力；社会规范是特定环境下的行动指南，它影响着人们的心理、思维方式和价值取向、行动。

文化有两种，一种是生产文化，一种是精神文化。科技文化是生产文化，生活思想文化是精神文化。任何文化都是为生活所用，没有不为生活所用的文化。任何一种文化都包含了一种生活生存的理论和方式，理念和认识。

作为人类生活的反映，活动的记录，历史的积沉，文化是是人们对生活的需要和要求、理想和愿望，是人们的高级精神生活，是人们认识自然，思考自己，是人精神得以承托的框架。思想和理论是文化的核心、灵魂，没有思想和理论的文化是不存在的。任何一种文化都包含有一种思想和理论，生存的方式和方法。需要是现实，理想是向往，愿望是想得到的，要求是必须做到的。

本章介绍了一些与人类文化发展相关的科技之最，用事实说明科技与文化之间不可分割的关系。

最早的纸书

世界上第一部用纸写的书，是我国西晋史学家陈寿写的《三国志》。1924 年，在我国新疆鄯善县出土文物中发现这部书的残卷，存有 80 行，1900 余字。这份残卷已流入日本，国内仅有影印本。1965 年在新疆吐鲁番的英沙古城南的一座佛塔遗址中，也发现了这部《三国志》残卷，有 40 行，570 余字，内容写的是《孙权传》，存建安 25 年后半和黄武元年的前三分之一，用隶书书写。根据资料，目前没有比这部书更早的纸书。

东晋三国志·步骘传残卷

《三国志》全书共 65 卷，包括《魏书》30 卷，《蜀书》15 卷，《吴书》20 卷，主要记述了魏、蜀、吴三国鼎立时期的历史。《三国志》位列中国古代二十四史记载时间顺序的第四位，与《史记》(汉·司马迁著)、《汉书》(汉·班固著)、《后汉书》(范晔、司马彪著) 并称前四史。

作为一部史学巨著，作者在充分尊重史实的基础上，用简练优美的语言把《三国志》的人物、场景描述得非常生动，三国时期情景跃然纸上，堪称一部文学巨著。

最早的活字印刷

世界上最早的活字印刷是由我国宋仁宗庆历年间的毕昇发明的。据我国古代著名科学家沈括的《梦溪笔谈》记载，毕昇的发明是在胶泥片上刻字，一字一印，用火烧硬后，便成活字。

活字印刷术的基本原理，与近代的铅字排印方法相同。其法是用胶泥刻字，一粒胶泥刻一字，这就是泥活字，再经火烧变硬。先预备好一块铁板，铁板上面放着松香、蜡、纸灰等。铁板四周围置一个铁框，在铁框里排放泥活字，排满一铁框就是一版。然后放在火上烘烤，松香、蜡、纸灰遇热熔化，冷却后便将一版泥活字粘固在一起。接着用一块平板将泥活字压平，为了提高效率，用两块铁板，一板印刷，另一板排字，第一板印完，第二板又已排好，印刷速度相当快。最后一道工序是收回泥活字。每印完一版，即将铁板放在火上加热，松香和蜡熔化后即可取下泥活字，以备再用。采用活字印刷术，泥活字可重复使用，少数冷僻字可临时写刻，烧硬即用，如此“印十百千本则极为神速”。

毕昇发明了活字印刷术

毕昇发明的活字印刷方法，和今天的印刷方法相比虽然很原始，却是印刷史上的一次伟大革命，它为我国文化经济的发展开辟了广阔的道路，为推动世界文明的发展作出了重大贡献。

最早的十二平均律

所谓音律是指音阶中每个音的音高规律。至少在西周初期，我国就在一个音阶中确定十二个律了。

据史料记载，我国自春秋时期起，一直使用三分损益法确定管或弦的长度和发音高低之间的关系。由三分损益法计算出来的十二个律，相邻两律间的长度差（或频率差）不是都相同的，因此这种律又叫十二不平均律。这种音律系统下，比基音高（或低）八度的音，只能约略地比基音高（或低）一倍，而不可能正好是一倍。如基音 do 的相对频率是一，高八度的 do 音的相对频率不是二，而是略高于二，其间存在着一定的差数。

这种十二不平均律不适宜进行“变调”，也不便于演奏和声。直到公元 1584 年，我国明代音乐理论家和数学家朱载堉写成《律学新说》，提出了十二平均律的理论，才使十二律不能周而复始的难题得到了彻底解决。十二平均律取消了三分损益法得出的差数，把一个音阶分为十二个相等的半音，使各相邻两律间的频率差都是相等的，叫做十二平均律，也叫十二等程律。

朱载堉（公元 1536～1610 年），字伯勤，号句曲山人，是明仁宗后裔、郑恭王朱厚烷的儿子。他不重爵位，潜心学术研究，著述颇多，以十二平均律的提出最为影响深远。

现代的乐器制造都是用十二平均律来定音的。十二平均律的诞生，对世界音乐文化史的进程产生了深远的影响。欧洲人发明十二平均律，已经是朱载堉之后半个世纪的事情了。

历史最悠久的科技博物馆

世界上第一个科技博物馆——英国科技博物馆源远流长，是世界上历史最悠久的一座科技博物馆。它经历了三个不同的发展阶段：自然博物馆时期、工业技术博物馆时期和现代科技馆时期，至今已拥有 80 多家科技博物馆和科学中心。

在各个科技博物馆的农业、航空、造船、车辆、纺织、气象、原子物理、分析化学等 70 个展览室里，以展出科学技术方面的实物原件、复制品、模型，并进行操作表演。通过瓦特发明的第一台蒸汽机、阿波罗 10 号指令舱、电子计算机以及对宇宙、海洋、地球和人体进行探测的现代装备等，形象而生动地向观众介绍科技知识，使观众了解科技的昨天和今天、展望辉煌的明天，引导和鼓励人们去掌握现代科学技术。

作为一个科普性质的博物馆，英国科学博物馆在互动展览方面一直是世界同行中的佼佼者，发挥了博物馆的教育职能，尤其是现代科学中心充分重视参观者的互动性、参与性，开创了一种全新的科普教育模式。

最早发明阿拉伯数字的国家

阿拉伯数字是我们日常生活中进行各种运算的基础工具。它起源于印度，却是经由阿拉伯人传向四方，所以被称为阿拉伯数字。

大约公元3世纪，古代印度人发明了包括“零”在内的十个数字符号，在公元前2000~前1000年成书的典籍《吠陀》中，印度人就有了数字的记录。阿拉伯数字在诞生之初，只有1~9这9个数字，人们用小黑点来表示0。后来经过几百年的演化，最初的一个小黑点就变成了今天“0”的样子，阿拉伯数字体系才最终得以形成。

同时期印度人还发明了现在一般通用的定位计数的十进位法。定位计数，同一个数字符号因其所在位置不同，就可以表示不同数值。如果某一位没有数字，则在该位上写上“0”。“0”的应用，使十进位法臻于完善，意义重大。十个数字符号后来由阿拉伯人传入欧洲，被欧洲人误称为阿拉伯数字。由于采用计数的十进位法，加上阿拉伯数字本身笔划简单，写起来方便，看起来清楚，特别是用笔来算时，演算很便利，因此随着历史的发展，阿拉伯数字逐渐在各国流行起来，成为世界各国通用的数字。

最早以中国人名命名的科学奖

林同炎教授是著名桥梁和结构工程学家，以他的名字命名的“林同炎奖”是世界上第一个以中国人名命名的科学奖。他于1931年从唐山交通大学毕业，曾在我国铁路工程部门工作。1946年，他应美国加州大学之聘前往任教，从此定居美国。

林同炎在美期间一边教书，一边从事预应力的研究，先后发表了100多篇高质量的论文。1956年，他写成《预应力混凝土》一书，被译成日、俄、西班牙等多国文字出版，并被公认为预应力学术界的权威著作。为此，林同炎被尊称为“预应力混凝土先生”、“美国预应力的功勋人”。

林同炎

1974年，国际联合预应力协会颁给他“佛里西聂”奖章和“佛里西聂”奖，这是该会的最高荣誉奖，林同炎是获得此奖的第一非欧洲人。此外，美国土木工程学会为了表彰他的特殊贡献，特意将该学会的预应力奖改为“林同炎奖”。

最早磁带录音

最早的磁带录音是丹麦的瓦尔德玛·普尔森1898年用他的钢丝录音电话机发明录制的，并于1929年首次在哈福德郡录音室使用。塑料磁带是德国巴登苯胺烧碱厂1932~1935年研制出来的，但是直到1950年，纽约录音磁带公司才将这种产品投放市场。1983年4月，日本奥林匹克光学工业公司开始在市场上出售一种微型磁带录音机。这种录音机的体积只有10.7厘米×5.1厘米×1.4厘米，重125克。

最早的有声电影

最早的有声电影是尤金·奥古斯丁·劳斯特拍摄的。他于1906年8月11日获得有声电影拍摄专利权，并于1910年在伦敦斯道克维尔的伯纳迪克特路研制出了弦线电流计摄影系统。

最早的录像带

亚力山大·M·波尼亚托夫于1956年录制出了世界上第一盘录像带。最早的民用录像带于1963年6月24日在伦敦亚力山德拉宫的英国广播公司新闻演播室进行实验播放。

最早的电视节目

世界上第一个最清晰的电视节目是1936年11月2日开始在伦敦北部的亚力山德拉宫播放的，当时全英国共有100台电视机。当时的总工程师是道格拉新·伯金肖。1935年3月25日，德国柏林电视台播出的电视节目清晰度十分差，而且发送机又在同年的8月烧毁。

最早的电脑三维动画片

1995年，美国迪斯尼公司推出的《玩具总动员》是世界上第一部运用电脑三维技术制作的大型动画片，该片一经推出便风靡全球，票房收入近4亿美元。该片以玩具牛仔胡迪和玩具宇宙警察的一段友情冒险为内容，具有梦幻般的视觉效果，造型逼真传神，无论是人物、街道、风景，还是落日的余晖、倾盆的暴雨，三维动态都使这些图像显得特别逼真。

《玩具总动员》开创了用电脑取代手工绘制动画的先河，因而在动画电影史上具有十分重要的地位。影片获得1995年度奥斯卡音乐大奖及金球奖最佳影片、最佳原创音乐等多项大奖，导演约翰·莱塞特还因此获当年奥斯卡特殊成就奖。

最早的图书馆

已知最早的档案馆为公元前 7 世纪尼尼微的艾斯赫班尼泊尔国王“档案材料馆”。他用普通的木、石块来表示早在公元前 23 世纪，阿戈德时期发生的事件和出现的人物。

最大的图书馆

世界上最大的公共图书馆是纽约第五大街的公共图书馆。它的室内面积为 48800 平方米，书架总长 141.6 千米。它共拥有 81 个分馆，藏有书籍 11907217 册，14466478 部原稿和 363679 幅地图。

最早最贵的汽车牌照

世界上第一块牌照可能是帕里森警察于 1893 年推广采用的。1903 年，英国推广了注册牌照。拉塞尔伯爵（1865 ~ 1931）妥善保管了 2 马力内皮尔汽车的原来的 AI 牌照。这块牌照于 1950 年 9 月馈赠给英国莱斯特的特雷弗·蒂莱克。1959 年 8 月，为了帮助慈善机关，蒂莱克以 2500 英镑的价格把它卖掉。到 1986 年 4 月，这块牌照的售价达到 25000 英镑。据报道，1984 年 11 月，3 号汽车牌照以 94000 英镑交付香港政府拍卖。

最早的计算器

算盘可以说是我国古代劳动人民的伟大发明之一，它是世界上最早的计算器。在我国，算盘有着悠久的历史，它从最初诞生到广泛应用，经历了上千年的演变。直到唐代，才出现和现在所使用差不多的算盘。明朝后期，我国的算盘传到了日本、朝鲜等地，为世界人民的学习和生活带来了便利。

最古老的数学文献

在各种考古发现中，有关数学的记载至少有5000年的历史。现存最古老的专门用来记录数学的文献，是出现在公元前1700年左右的埃及草片文书。因为这部著作是写在一种叫做纸莎草的植物上的，因此人们称这部著作为“纸草书”。

现在被人们发现并收藏的草片有“莱因德草片”和“莫斯科草片”，其中“莱因德草片”中包含了85道数学问题和解答过程；“莫斯科草片”中有25道题，非常系统而全面地记录了关于数学的一些问题。

最早的长篇小说

日本紫式部的《源氏物语》是世界上最早的长篇小说，作品的成书年代至今未有确切的说法，一般认为是在1001～1008年间。“物语”的意思就是故事或杂谈。这种体裁是在日本民间评话的基础上形成的，深受我国六朝、隋唐时期传奇文学的影响。

这本书的作者紫式部从小随父亲学习汉语，熟读中国古代文献，但因家道中落，丈夫早逝，一个人过着孤苦的生活。后来紫式部到皇宫做了藤原彰子皇后手下的一名女官，这使得她有机会了解宫廷的内幕和生活。她把在宫中的所看、所想写在了《源氏物语》这本书里，该书共54卷，近100万字，故事一共经历4朝天皇，跨时80多年，包括440多个人物。书中以上层贵族为主要人物，也有下层贵族，直至宫妃侍女、平民百姓。主要讲的是皇子光源氏和他周围女性的悲欢离合，反映了当时日本宫廷贵族的生活、思想及内部倾轧，争夺权势的斗争，由此反映出当时日本的社会现实。

最大的词典

《牛津英语词典》是迄今为止世界上最大的一部词典。它是牛津大学出版社出版的词典。这部词典初版于1884～1928年间，主要编辑是詹姆斯·默里爵士。《牛津英语词典》含有414825个词条和近200万条实例。1933年再版时改成了现在的名称，总共有12卷。1989年，牛津大学出版社又出版了《牛津英语词典》的第二版，共20卷，其中包含了原有的12卷正本和4卷补遗的内容。另外，一些有时代特色的新词和新的实例随着版本的改进也在不断补充进来。1991年，牛津大学出版社又将第二版的20卷按比例缩印成了1卷，极大地方便了读者的购买和携带。随着科技的日益发展，牛津大学出版社又将《牛津英语词典》制成了光盘，并为读者提供了新的检索方式。

最古老的大型乐器

中国的编钟是世界上最古老并且保存最完好的大型乐器，它是在战国早期的曾侯乙墓中发掘出土的。这套编钟共65件，重2500多千克，都是青铜铸造的，制作精细，气势雄伟。

编　钟

全套编钟音质纯正、音色优美、音域宽广。这套编钟虽然在地下埋藏了2000多年，但音乐性能至今良好，仍能够演奏古今各种乐曲。编钟这种古老的乐器，被誉为“世界奇观中独一无二的珍宝”、“古代世界的第八奇迹”。编钟凝聚着中国古代劳动人民的智慧，是我国古代科学技术的结晶，也是中华民族文化艺术瑰宝。

最大的音乐演出团

1872 年，“圆舞曲之王”——小约翰·施特劳斯应波士顿和平节组织者的邀到美国马萨诸塞州指挥演出。当施特劳斯第一次来到音乐会排练场时，眼前的景象让他惊呆了，因为参加排练的是一支庞大的合唱队，这个合唱队由近 2000 多名乐师和 2 万人组成，乐队还增配了由一个参差不齐的钢轨和大小铁砧、火警钟排成的“编钟”，以及以一个直径为 5.5 米的“鼓王”为主的打击乐器组。

施特劳斯站在一个像瞭望塔似的指挥台上挥动着两臂，几十名副指挥用望远镜观察着他，再模拟他的每一个动作，然后指挥自己负责的那部分演奏者。遇到强拍时，整个乐队就一片混乱。即使以强调音节准确著称的小施特劳斯面对这样的场面，也是无计可施。

最早的歌剧

音乐史上的第一部真正称得上歌剧的作品是由诗人里努奇尼和作曲家佩里、科尔西创作的，1597 年上演的《达芙妮》。可惜这部歌剧已经失传了。

1600 年，这 3 个人又合作写了第二部歌剧——《尤利狄茜》，这是世界上现存最早的歌剧作品。它取材于古希腊神话，形式比较单调，但在当时，这种将音乐与戏剧结合的艺术形式非常受欢迎。于是，在以后的三十几年里，歌剧由贵族宫廷走向大众。佛罗伦萨、威尼斯、那不勒斯等城市，都建立起了公众歌剧院。据统计，到1700年，仅威尼斯这座小城就有17家歌剧院，可见当时歌剧是多么受人们欢迎。

最大的油画

世界上最大的一幅油画是《天堂》，它的作者是意大利文艺复兴时期的重要画家丁托列托。

丁托列托作品

丁托列托的《天堂》于1509年完成，高10米，宽25米。画的最上段是12信徒像，中央是基督正在给玛利亚授冠；中段是预言者、教父、书记们的像；下段是天国的人群像。《天堂》用远近法进行缩小，画中千姿百态的人物形象，令人叹服。在这幅画中，总共有700多个人物。

丁托列托极富创造力和善于驾驭构图的能力，使《天堂》极具表现力，给人以巨大的震撼。《天堂》因篇幅巨大，构思精妙，在世界美术史上有着极为深远的影响。

最早的雕像

在2万多年前的旧石器时代，人们就学会了绘画和雕塑艺术品，妇女裸体雕像是其中的一种，被称为“维纳斯雕像”。这种旧石器时代的妇女雕像分布很广，在除西班牙以外的欧洲各国均有发现。目前全世界已经发现了130多件“维纳斯雕像”，这类雕像的特点是：裸体，乳大而下垂，腹部、臀部突出，矮胖。这种夸张的手法表现了古代人们希望多子多孙的思想。在罗马神话中，维纳斯女神掌管着人类的爱情婚姻和生育以及一切动植物的生长和繁殖，所以人们便把这些裸体女雕像称为“维纳斯雕像”。

最早的动画电影

1937年，动画大师沃尔特·迪斯尼推出了根据《格林童话》改编的动画片《白雪公主》，是世界上最早的一部动画电影，也是世界上第一部彩色动画电影。

这部动画片长达84分钟，它的制作前后历时4年，共耗资150万美元。影片公映后，获得了空前的成功，成为当时最卖座的电影。该片获得第11届奥斯卡特别金像奖、奥斯卡特别成就奖，1988年被美国电影协会选为20世纪美国百部经典名片之一。

第一部彩色动画电影《白雪公主》

生活科技篇

科学技术是现代社会的第一生产力，生产出的各种产品在我们的生活中无处不在，因此，科技和我们的生活有着紧密的联系，时刻影响着和改变着我们的生活。在我们的衣、食、住、行各个方面都能找到科技的触角。公交卡、手机、汽车……即使是一颗最普通不过的纽扣，也能找出些最新科技的影子来。

科技对人类贡献的大小，主要体现在对人类生活方式的改变方面。单从行来说，自行车、摩托车、火车、汽车、飞机、地铁以及现在大力发展的城际铁路和高速铁路都是由科技进步引起人们出行方式的变革。这种变化在我们生活的其他方面都有体现。

本章主要介绍生活中的科技之最，从这些文字里不难看出，科技发展和生活变化是相互作用的。

最早的染色技术

世界上最早的，水平较高的染色技术我国商周时期的人们所掌握的利用多种矿物、植物染料染色的技术。

商周时期，用矿物染料染色，方法有浸染和画缋两种。浸染是把矿物染料研磨成粉末，用水调合后，将丝、麻、毛、纱或织物浸入其中，粉末即为纤维所吸附。画缋是把染料调合后涂在织物上，可涂一种颜色，也可涂多种颜色而成图案花纹。1974 年在长沙发现的战国丝织物“朱条地暗花对龙凤纹锦”、长沙马王堆一号汉墓出土的几件花敷彩纱等等，都是用矿物染料着色的实物。当时的染料磨研已相当精细，涂料技术十分精良，并且很可能使用了有黏性的增稠剂。

商周时期，用植物染料染色，先以鲜蓝草的汁液直接浸染织物来染蓝，及后能用蓝草制靛蓝染青色。《荀子·劝学篇》说：“青，取之于蓝，而青于蓝。”意思是用蓝草制成的靛蓝可以染出更青的颜色来。当时还有以茜草作染红色的主要染料。但茜草不加媒染剂，就不能在纤维上着色，若与明矾媒染即能得到鲜艳的红色。像茜草这样的媒染性染料还有一些，可作媒染剂的除明矾外也有好几种。媒染性染料和媒染剂的使用，丰富了颜色品种，在染色技术上是个重大的突破。

周代还出现了多次浸染的套色法。即将丝、麻、毛、纱或织物，分几次先后浸入溶有一种或多种不同色彩染料的容器内，从而得到某一颜色的不同深度的近似色或其它各种新的颜色。《考工记》有“三入为纁，五入为緅，七入为缁”的记载，指的就是这种方法。意思是：三次进入红色染料为纁（深红色），再在黑色染料中浸染二次为緅（带红光的浅黑色），继续浸染二次则为缁（深黑色）。这种多次浸染的套色法，直到近代我国染色手工业还多有沿用。

商周时期的染色技术，历经各代得到不断提高和完善。公元 19 世纪以前，我国的染色技术一直走在世界前列。

最早的漆器制造

我国是世界上最早制造漆器的国家。漆器防腐耐用，外表光泽美观，很受人们的欢迎和喜爱。制造漆器的主要原料是天然漆。天然漆具有高度粘合性和耐酸耐碱性，它是漆树上分泌的一种汁液，主要成分为漆醇。

据《韩非子·十过篇》记载，我国在 4000 多年前的虞夏时期就有了漆器。而实际上，我国漆器实物的发现，要比文字记载早得多。1976 年，考古工作者在浙江余姚河姆渡原始社会遗址，发现了距今约7000年前的木胎漆碗和漆筒，这是我国迄今所发现的最早的漆器。

商代，漆器的制造水平达到了相当高的程度。1950年，在安阳武官村商代大墓中，发现了很多雕花木器的朱漆印痕，虽然木器已腐朽无存，但印在土上的朱漆花纹还很鲜艳。同一地点的虎纹石磬两侧，各发现一处方形印痕，据分析，是磬架方座漆绘的纹饰。1973年，在河北藁城台西村商代墓葬中，发现了几十块盘、盒等漆器的残片。这些残片为朱红底，黑漆花纹，上下交错，构成多种美丽的图案，有的还镶有绿松石，说明当时的漆器已经相当精美。

我国在最早阶段的漆器制造中，还常在漆里掺入桐油等干性植物油。在制造彩色漆器时，也用桐油和多种颜料或染料构成的油彩，加绘各种花纹图案。战国时期的一些漆器即是如此。从而形成了我国具有独特民族风格的漆器工艺。

我国漆器的制造水平，历经各代不断提高，规模也不断扩大。从汉代起，我国的漆器制造技术陆续传到亚洲各邻国，以后又经波斯、阿拉伯传到欧洲。而欧洲各国仿制中国漆器获得成功，已经是公元17~18世纪的事情了。

最早的制瓷技术

瓷器是我国独创的发明之一，作为一种工艺化学产品，瓷器美观又实用，深受世界人民的喜爱。我国制造瓷器的历史，最早可以追溯到3000多年前的商代。

制瓷技术是在制陶技术不断发展的基础上发明的。瓷器用瓷土（含有高岭土、长石、石英等成分）作胎，表面施玻璃质釉，经1200度以上的高温焙烧而成，质地坚硬，吸水率很低，敲击声脆。

从汉代起，瓷器的制作技术逐渐进入成熟时期。我国瓷器在长期的发展过程中，经历了从青瓷到白瓷，又从白瓷到彩瓷的几个阶段，这是我国制瓷技术不断提高的重要标志。

藏于台北故宫的白瓷婴儿枕

青瓷是釉色青绿的瓷器。从考古发现来看，我国在战国时代即开始烧制青瓷，到了汉代，质量明显提高。魏、晋、南北朝时期，又烧制成黄釉、酱釉、黑釉等瓷器，特别是北朝时期烧制成功白瓷，更是制瓷技术的重大突破。

唐代的制瓷技术进一步提高，烧制的青瓷胎质细薄，釉色晶莹；烧制的白瓷如银似雪，工艺精湛，有的已接近现代高级细瓷的标准。宋代是我国制瓷技术完全成熟的时期，瓷器在胎质、釉料和制作工艺上都有新的提高。当时生产的瓷器有蓝中带红或蓝中带紫的色釉，色泽艳丽夺目。宋代许多名窑的产品，在釉色和纹饰图案等方面各具特色，特别是江西景德镇窑烧制的影青瓷（也叫青白瓷），冰清玉润，白中泛青，是瓷器中的珍品。

元代人已经能够烧制出釉里红瓷器和青红瓷器。明代的制瓷技术更上一层楼，能够制成细腻莹彻的白釉，为彩瓷的生产和发展提供了有利条件。明代的瓷器加彩方法多样化，彩瓷色彩纷呈，绚丽灿烂，有的品种为久负盛名的佳品。清代的制瓷技术继续取得卓越成就，其中突出的是创造了驰名中外的粉彩和珐琅彩。粉彩是在烧成的素釉瓷器上，用掺有铅粉的色料作画，经烘烤后釉面呈现不同的色泽，浓淡协调，表现出明暗分明的立体感。珐琅彩是用精炼配制的珐琅彩料在瓷器上作画，烧造后的画面瑰丽精美，富有立体感。

早在唐代，瓷器就和茶叶、丝绸源源不断地由海路和“丝绸之路”运销国外。公元11世纪，我国的制瓷技术传到了波斯；后来又传到阿拉伯、土耳其和埃及；15世纪又传到意大利，欧洲才开始生产瓷器。

最早开采和使用煤的国家

西汉是我国最早开采和使用煤的时期。煤的颜色黝黑，状似石头，因而在古代有“石涅”、“石炭”、“石墨”、“乌金石”、“黑丹”等名称。成书于春秋末战国初（约公元前五世纪）的《山海经·五藏山经》说，“女床之山”、“女几之山”“多石涅”，女床之山在今天的陕西，女几之山在今天的四川，说明当时这些地区已经发现了煤，这是我国关于煤的最早记载。

西汉时，我国开始开采煤矿并将煤用作燃料。《史记·外戚世家》记载汉文帝即位那年，即公元前180年，窦太后之弟“窦广国……为其主人入山作炭”。“入山作炭”就是进山采煤。当时还发生了“岸崩（塌方）事故，岸下百余人，尽压杀”，说明采煤的规模已经不小。解放以后，在河南巩县铁生沟和郑州古荥镇等汉代冶铁遗址中，又发现了用于冶炼的煤块以及用煤末掺合黏土、石英制成的煤饼。照一般情况看，煤用作冶炼燃料应该比一般燃料晚，使用煤饼又要比使用煤块晚。可见，西汉使用煤已有较长的时间。

北魏郦道元《水经·河水注》引释氏《西域记》中，有我国古代用煤冶铁的最早记载：“屈茨北二百里，有山。……人取此山石炭，冶此山铁，恒充三十六国用。”屈茨即龟兹，在今新疆库车县内，那里冶炼的铁，可供当时新疆一带的36个国家使用，足见采煤冶铁的规模相当可观。

北宋末年，我国开始大规模开采和广泛使用煤。煤已较为普遍地用于冶铁和制瓷的燃料，有的地方煤还代替了柴草，成为城镇居民生活的主要燃料。宋代的煤矿开采，已有了一套比较完整的技术。明代的采煤技术，得到了进一步发展，已出现了排除瓦斯和防止矿井塌陷的措施。

我国是世界上最早开采和使用煤的国家。在欧洲，公元315年才有关于煤的文字记载，比我国的文字记载晚了约800年；英国在公元13世纪才开始采煤，比我国晚了约1400年。

最早开发和利用天然气

天然气是蕴藏于地下的一种可燃气体，主要成分为烷烃，它和石油、煤一起构成当今世界能源的三大支柱。我国是世界上最早开采使用天然气的国家，始于晋代时期。

四川是我国首先开发和利用天然气的地区。西晋张华的《博物志》记载：“临邛（今邛崃）有火井深六十余丈，火光上出，人以筒盛火，行百余里，犹可燃也。一临邛有火井一所，纵广五尺，深二三丈。……井上煮盐。”东晋常璩的《华阳国志》也记述了临邛取井火煮盐的情况。这些是我国最早开发和利用天然气的记载。

宋代，人们开始较大规模地开发和利用天然气。明清时期，天然气的人工开发和利用已颇具规模。位于四川自贡市，富顺县和荣县境内的自流井气田，史称自流井场，是当时世界上最大的天然气田。据清代《自流井记》记载，当时筒井钻凿深度达300丈（1丈约等于3.33米），一口火井最多可烧盐锅700口。

我国古代天然气井的开采技术有许多创造发明，诸如小口深井钻凿法、套管固井法、笕管引气法、试气量法和裂缝性气田的钻凿等。在欧洲，英国是最早使用天然气的国家，时间为公元1668年，比我国晚了1000多年。

最早发现和利用石油

我国是世界上最早发现和利用石油的国家之一。我国古代较早发现石油的地方有三处，即今陕西延安、甘肃酒泉、新疆库车附近。其中以延安地区为最早。《汉书·地理志》记载：“高奴，有洧水，可爇”，人们“接取用之”。高奴在今延安一带，洧水是延河的一条支流，爇为“燃”字的古写。此处说的可燃之物，就是漂浮在洧水水面上的石油。这里不但记载了约2000年前在陕北地区发现了石油，还认识到石油的最重要性质——可燃性。

石油在古代曾被称为石漆、石脂水、猛火油、火油、石脑油、石烛等等。北宋科学家沈括在《梦溪笔谈》中首先使用了“石油”的名称，指出“石油至多，生于地中无穷”，并预言“此物后必大行于世”。

我国古代认识到石油的可燃性后，即将它用于照明。唐、宋以来，陕北人民已能利用含蜡量极高的固态石油制作蜡烛，称为“石烛”。明代的《格古要论》还记述了陕北人民将石油煎制后用于点灯的情形，说明我国最迟在400年前已经发明了从石油中提炼灯油的技术。这是石油加工和应用上的一个重大进步。

北宋科学家沈括，曾发明用石油烟炱制墨的工艺。这是我国古代石油利用的一个独特方面，也是世界上以石油造炭墨的开始。古代曾把石油当作药物来杀虫治疮。从公元6世纪起，史籍中不断有石油用于军事的记载。此外，我国古代还把石油用作润滑剂、防腐剂、黏合剂等。

最早的家庭墓葬

2008年底，考古学家在德国奥伊劳发现了人类历史上最早的核心家庭墓葬。在这个墓穴里，一对成年夫妇与两个男孩组成的四口之家被合葬在一起。

考古学家们表示，他们对墓室内这些骨骼进行DNA检测和Y染色体判断后发现，其中两个男孩的年龄仅为8岁和4岁，大约葬于4600年前。在该墓地的旁边，考古人员还挖掘出了3个墓地和9具尸骨。据分析，该墓穴所在地是一处古代大屠杀的场所，这个四口之家是在一次部落冲突中被杀掉的。该发现表明了这一家四口正生活在欧洲文明即将到来的前夕，现代家庭理念在石器时代之前就已经兴盛起来。

最早提出人口概率

明代科学家徐光启在我国和世界上最早提出了人口概率。

某种事件在同一条件下可能发生也可能不发生，表示发生的可能性大小的量叫概率。概率也叫做“几率”、“或然率”，是概率论中最基本的概念。

明万历三十二年（公元1604年），徐光启在《处置宗禄查核边饷仪》一文中，用概率提出了“每三十年人口增长一倍”的规律，引起了当时有识之士的重视。此后，他在《农政全书》中又一次指出这个规律。而世界著名的《人口原理》一书，是英国的马尔萨斯于1798年才出版的，书中提出在“没有任何限制的条件下”，“每25年人口增加一倍”的人口概率，比徐光启晚了近200年。

据文献记载，清乾隆元年至道光十四年（公元1736～1834年）百年间，我国人口由1亿增至4亿多；新中国成立后的40年，我国人口由4.7亿增至11亿。我国这两个人口激增时期的数字表明，徐光启提出的人口概率是非常科学的。

最早用科学方法解释潮汐现象

东汉的唯物主义思想家王充，在我国和世界上最早用科学方法解释了潮汐现象。

我国有着漫长的海岸线和广阔的海域。早在远古时代，我们的祖先就已经注意到潮水有规律的涨落现象，约从战国时期起，开始把潮汐现象和月亮联系起来。

王充（公元27～约79年），字仲任，会稽上虞（今浙江上虞）人，曾任郡功曹、扬州治中等职。他在《论衡·书虚》中，针对潮汐现象是鬼神驱使而生的迷信说法，明确指出：“潮之兴也，与月盛衰，大小，满损不齐同。”说明潮水涨落同月亮盈亏有着密切关系，从而在潮汐学中引进了天文学方法。这是用科学方法对潮汐现象所作的解释，欧洲直到公元12世纪才达到这样的认识。

我国古代在潮汐研究方面走在世界前列。唐代窦叔蒙著的研究潮汐的专著《海涛志》，结合天文历法来解释潮汐的周日、周月和周年变化，并建立了推算一个月中每天高潮、低潮时刻的图解方法。《海涛志》是世界上关于编制潮时预报图的最早文献。宋代，潮汐研究达到了高峰。据统计，当时的潮汐学专著至少有20多种。宋代的潮汐研究，在世界潮汐学史上占有光辉的位置。

最早的冲水马桶

世界上最早设计冲水马桶的人，是英国都铎王朝的诗人约瀚·哈林顿。1589年他在马里斯近郊自己的住宅里安装了世界上最早的冲水马桶，为此他还写了一本书，在书里详细地列出制作冲水马桶所需材料的一览表、建筑费。他是把鱼塘里的水引到住宅的一个贮水箱里，一拉便座的把手，打开阀门，水就会把污物冲到污水池里。为了防止从下水道中升起的臭味，在排水管里总存留一定的水，和现在的方法类似。

这种方法尽管不错，但是哈林顿的冲水马桶并没有得到大家的重视，因为当时的英国人对卫生是非常不关心的。真正的开始建立冲水马桶是在17世纪到18世纪初的事情，因为人们开始知道，流行的瘟疫不是上帝发怒的惩罚，而与不卫生有关。少数富有改革思想的人开始在自己的家里建造冲水马桶。最早开始批量生产冲水马桶的人是英国工人出身的发明家布拉马，他对马桶进行改进，并取得了专利，在1778~1798年之间卖出去6000多个，现在我们使用的马桶基本上是布拉马式的。

1830年欧洲流行霍乱，欧洲其他的一些国家看到冲水马桶可以控制霍乱的流行，才决心建造下水道和冲水马桶。此后冲水马桶又有许多改进。在1884年的健康博览会上，杰克宁斯改进的镶有木框架的带座的冲水马桶，作为“最完善的卫生便器”受到极大的赞誉，并获得奖金。现在人们使用的椭圆形的冲水马桶座就是杰克宁斯发明的。这种绘有精致花边的椭圆框子，19 世纪竟有人用来作为家庭肖像画的画框，足见人们对于这一发明的赞许之情。

最早的电视

电视是一台应用电子技术对静止或活动的景物的影像进行光电交换然后将电信号传送出去，使远方能即时重现影像的电器。

像所有具有划时代意义的新生事物一样，电视的发明也经历了漫长的时间和众多发明家、科学家的研究。1897 年，卡尔·费迪南德·布朗研制出第一个民用高速电子管；1907 年，该电子管被前苏联的鲍利斯·罗星教授用于“电子图像显示”；1908 年 6 月 18 日，凯姆帕尔·斯温登在《自然》杂志发表了一篇题为《远距离电子图像显示》的文章，第一次阐述了电视的基本原理。

1926 年 1 月 27 日，苏格兰发明家约翰·贝尔德利用机械扫描系统原理进行了第一次电视公开播放。1926 年 12 月 25 日，肯吉罗·塔凯杨纳吉在日本滨松技术学校，用布朗高速电子管成功地放送出了 40 条扫描线的电子图像；1929 年 9 月 30 日，贝尔德用英国广播公司的发送机首次播放了电视“节目”，并于 1930 年 5 月将第一批电视机投放市场销售，每台售价 26. 25 英镑。

后来，贝尔德又开始研究远距离图像传送这一课题，最终成功地把图像传送到大西洋彼岸的美国，实现了图像的远距离传送，拉开了卫星电视的序幕，人们将贝尔德称为“电视之父”。

最早的家用电冰箱

在电冰箱还没有问世之前，人们往往利用冰块对食物进行保鲜。在古代的中国，人们就已经懂得把冬天的冰块储存起来到夏天使用。世界上第一台家用电冰箱的诞生使人们摆脱了无法对食物进行保鲜的苦恼。

1923年，瑞典工程师普拉登和缈塔利用压缩机的工作原理，发明了第一台电冰箱。他们通过蒸发一种压缩的液体来达到制冷效果，从而对食物进行保鲜。但是，与已往的机械式制冷设备不同，这台电冰箱第一次使用了电动机来带动压缩机进行运转。2年之后，这种发明开始大规模地投入生产，从此，家用电冰箱开始走入千家万户。

最早的洗衣机

洗衣机是我们日常生活不可或缺的家用电器，它为我们的生活提供了极大的便利。1858年，汉密尔顿·史密斯于在美国的匹兹堡成功研制出了世界上第一台洗衣机。

这台洗衣机的主要部件是一个用来盛放脏衣服的圆桶，桶内装有一根带有桨状叶子的轴，用来搅动衣服。洗衣时，人们摇动和轴相连的曲柄，就可以使轴转动来洗衣服。这台洗衣机使用起来比较费力，而且容易损伤衣服。后来，人们不断地对洗衣机进行改进。改进后的洗衣机渐渐受到人们的欢迎，并渐渐步入了人们的生活，成为人们生活中的好帮手。

最早的吸尘器

1901年，当英国人布鲁斯在伦敦的一家餐馆里用餐时，看到后面的椅背上满是灰尘，就用自己的嘴凑上吹了一口，却差点没把他呛死！于是，他产生了发明吸尘器的想法。

经过勤奋的研究，不久，他的发明问世了，但和现在家庭日常的吸尘器不同，那是一架很大的机器，是一个庞然大物。它有一个气泵、一个装灰尘的铁罐和过滤装置，都安装在一辆推车上，由两个人共同操作。他们推着它在街上行走，一个人负责用气泵抽气，另一个人则拿着长管子挨家挨户地去吸尘。

没过多久，布鲁斯的吸尘器就在伦敦赢得了广泛的赞誉。所以当爱德华八世举行加冕典礼时，特地请他去将威斯敏斯特教堂那些精美的地毯吸了一遍。

布鲁斯的吸尘器虽然有很大的威力，但一般的家庭却无法在室内安放这么一个庞然大物，并专门雇两个人来吸尘。这时，美国人詹姆斯·斯班格勒开始研制起小型的吸尘器。他根据布鲁斯吸尘器的原理，用一个小型马达带动一个抽气机，并且在吸气口安了一个会旋转的刷子，使被刷子刷下的灰尘容易被吸入吸尘器内部。斯班格勒带着自己的发明去找俄亥俄州的一位工业家胡佛。胡佛对他的发明很感兴趣，出钱买下了他的专利，打算稍加改进后就投入生产。

胡佛的小型吸尘器一经问世，就受到大众的热烈欢迎，他的吸尘器公司也蒸蒸日上，成为有名的大公司。胡佛吸尘器从那时直到今天，一直是美国家庭必备的物品。

最早的无线电广播

世界上第一次带有广告性质的广播，是加拿大罗吉纳德·费森登教授于 1906 年 12 月 24 日播出的。这次广播是用美国马萨诸塞州布兰特罗克的国家电信公司的高 28 米的天线塔发射广播信号的。费森登早在 1900 年 11 月就成功地进行了讲话广播，但是却高度失真。

1919 年 12 月，英国在埃塞克斯郡切姆斯福建立了第一个实验广播站，并于 1920 年 2 月播送新闻节目。1922 年 2 月 14 日，埃塞克斯郡赖特尔的马克尼“2MT”广播站开始进行定期广播。